能源生态与高质量发展
金融统计方法与应用　系列丛书

数字经济的碳减排效应分解

米国芳　冯瑞琴　崔露莎　等著

中国商务出版社
·北京·

图书在版编目（CIP）数据

数字经济的碳减排效应分解 / 米国芳等著 . -- 北京 ：
中国商务出版社，2025. -- （能源生态与高质量发展系列
丛书）（金融统计方法与应用系列丛书）. -- ISBN 978
-7-5103-5683-4

Ⅰ . X511

中国国家版本馆 CIP 数据核字第 20256V8J07 号

数字经济的碳减排效应分解

SHUZI JINGJI DE TANJIANPAI XIAOYING FENJIE

米国芳　　冯瑞琴　　崔露莎　等著

出版发行：中国商务出版社有限公司

地　　址：北京市东城区安定门外大街东后巷 28 号　邮编：100710

网　　址：http://www.cctpress.com

联系电话：010-64515150（发行部）　010-64212247（总编室）
　　　　　010-64243016（事业部）　010-64248236（印制部）

策划编辑：刘文捷

责任编辑：谢　宇

排　　版：德州华朔广告有限公司

印　　刷：北京建宏印刷有限公司

开　　本：787 毫米 × 1092 毫米　1/16

印　　张：12.25　　　　　　　　字　　数：219 千字

版　　次：2025 年 6 月第 1 版　　　印　　次：2025 年 6 月第 1 次印刷

书　　号：ISBN 978-7-5103-5683-4

定　　价：78.00 元

丛书编委会

主　　编　王春枝

副 主 编　刘　佳　米国芳　刘　勇

编　　委　王志刚　王春枝　刘　佳　刘　勇　米国芳　陈志芳
　　　　　赵晓阳　郭亚帆　海小辉

序 Preface

在全球经济格局深刻变革、科技革命加速演进的今天，人类社会正站在一个新的历史节点上。一方面，传统经济模式面临着资源短缺、环境污染、生态退化等诸多挑战；另一方面，以绿色、低碳、可持续为核心的高质量发展理念，正成为推动全球经济转型的重要驱动力。在这样的时代背景下，能源、生态、金融统计等相关领域的研究，不仅是学术研究的前沿方向，更是实现经济高质量发展的关键所在。

能源是经济发展的基石，生态是人类生存的家园。在过去的几十年中，全球能源需求的快速增长与生态环境的恶化，已经对人类社会的可持续发展构成了严重威胁。随着全球气候变化加剧、生物多样性丧失以及资源短缺问题的日益突出，传统的发展模式已经难以为继。在此背景下，如何在保障能源供应的同时，实现生态系统的平衡与修复，成为全球关注的焦点。

近年来，中国在能源转型与生态保护方面取得了显著成就。一方面，中国积极推动能源结构调整，大力发展可再生能源，逐步降低对传统化石能源的依赖；另一方面，通过一系列生态保护政策的实施，生态系统退化的趋势得到了初步遏制。然而，面对全球性的挑战，中国的能源与生态转型仍面临诸多难题。例如，能源市场的波动性、新能源技术的成熟度、生态补偿机制的完善性等，都需要进一步的理论研究与实践探索。

在这样的背景下，"能源生态与高质量发展"系列丛书，旨在为学术界、政策制定者和从业者提供一个交流平台。通过深入探讨能源转型的路径、生态系统的价值评估，以及两者与经济高质量发展的内在关系，希望能够为实现绿色、低碳、可持续的经济发展模式提供理论支持与实践指导。

金融是现代经济的核心，而统计方法则是金融决策的基石。在当今复杂多变的经济环境中，金融市场的波动性、风险的不确定性以及数据的海量性，都对金融决策提出了更高的要求。金融统计方法，作为一门结合数学、统计学和金融学的应用科学，为解决这些问题提供了强大的工具。

随着大数据、人工智能和机器学习等新兴技术的快速发展，金融统计方法的应用范围不断扩大。从金融市场预测、风险评估到投资组合优化，从宏观经济政策分析到微观企业决策支持，金融统计方法都发挥着不可或缺的作用。

"金融统计方法与应用"系列丛书，通过系统介绍金融统计方法的理论基础、模型构建以及应用案例，希望能够为相关研究者提供一个全面、系统的视角，并通过本书找到适合自己的工具和方法，从而更好地应对金融领域的复杂问题。

本套丛书在编写过程中参考与引用了大量国内外同行专家的研究成果，在此深表谢意。丛书的出版得到内蒙古财经大学的资助和中国商务出版社的鼎力支持，在此一并感谢。受作者自身学识与视野所限，书中观点与方法难免存在不足，敬请广大读者批评指正。

丛书编委会

2024年12月20日

前言
Preface

数字信息时代下数字经济的发展浪潮势不可当，这是世界各国促进经济高质量发展和在国际社会中争夺话语权的焦点。随着信息技术的高速发展，数字经济以大数据、人工智能、物联网等数字技术为核心驱动力，正在通过新技术形成新产业、新产业催生新模式等路径，赋能全球经济的数字化转型以及高质量发展。数字经济增长速度快且规模大，对经济增长的带动作用非常显著，在世界经济论坛2017年年会、"一带一路"国际合作高峰论坛、2021年中央经济工作会议等重要会议上，习近平总书记均强调了数字经济发展的战略重要性并作出重要指示。中国信息通信研究院发布的《中国数字经济发展报告（2024年）》显示，2023年我国数字经济高于同期国内生产总值（GDP）名义增速2.76个百分点。在宽带中国、5G及工业互联网推动下，2023年，数字经济规模达53.9万亿元，占GDP比重达42.8%，同比名义增长7.39%。

多年来，我国一直致力于推进碳减排工作。早在1997年《京都议定书》签订之前中国政府就已经意识到节能减排对于经济可持续健康发展的重要性，1986年我国发布的《节约能源管理暂行条例》从工业、企业等多个方面规定了节能措施，以实现合理利用能源，降低能源消耗。在中国的工业化和城镇化进程中，我国在2006年提出的"十一五"规划对建设资源节约、环境友善社会提出了明确规定，"十一五"规划明确提出了主要污染物排放总量减少10%等约束性指标，将节能减排作为经济社会发展的重要任务。中国在"十四五"规划中提出了加快发展方式绿色转型以及实现"双碳"目标的重大战略。在气候变化对全球碳减排提出迫切要求的背景下，2020年9月22日，习近平总书记在第七十五届联合国大会上表示："中国将提高国家自主贡献力度，采取更加有力的政策和措施，二氧化碳排放力争于2030年前达到峰值，努力争取2060年前实现碳中和。"一直以来，我国始终秉持绿色低碳循环发展的理念，勇于担当大国责任，积极应对碳排放问题。

数字经济高速发展受到了学术界及实务界的持续关注，其中，数字经济的环境改善效应是学界聚焦的重点之一，数字经济赋能实现碳减排逐渐成为学者们的重点关注对象。数字经济不仅可以通过产业技术升级等方式，促进传统产业的数字化转型，有效提高能源利用率，实现碳减排，从而助力全球气候目标的实现，还可以推动产业绿色升级，引导传统产业向绿色低碳方向转型，催生新的绿色经济增长点。研究数字经济的碳减排效应为碳减排"后进省区"完成减排目标，为整体碳减排工作扎实推进提供重要保障，进而为实现"双碳"目标提供有益的政策启示。

本书系内蒙古自治区哲学社会科学规划项目（2022NDC140），内蒙古自然科学基金联合项目（2023LHMS07007），2024年度内蒙古教育厅一流学科科研专项项目（YLXKZX-NCD-001），内蒙古自治区哲学社会科学规划项目（2024NDB163），中蒙俄经济走廊研究协同创新中心项目（ZMEYJ202435），内蒙古自治区第五次全国经济普查公开招标课题（NMJJPC01），内蒙古自治区经济数据分析与挖掘重点实验室重点项目（SZ24002），黄河流域经济高质量发展研究中心项目（24HND06），内蒙古经济数据分析与挖掘重点实验室研究中心项目（SY23002）的阶段性研究成果。

本书选取2005—2021年我国30个省（自治区、直辖市）（由于数据缺失，西藏和港澳台地区不包括在内）为研究对象，首先阐述了数字经济赋能碳减排的理论机制。其次，测度了2005—2021年我国30个样本省份碳减排水平，识别了碳减排"后进省区"，并采用社会网络分析法分析了碳排放强度的空间关联特征，采用传统和空间马尔可夫链分析了碳排放强度的动态演进趋势和时空变化趋势；测度了30个样本省份数字经济发展水平，并从"全域范围""前进省区""后进省区"三个角度解析数字经济发展水平的空间异质性，采用Dagum基尼系数及其分解法分析了数字经济发展水平的空间差异性，采用Kernel核密度估计方法分别分析了"全域范围""前进省区""后进省区"数字经济发展水平的演进态势。再次，从静态和动态两个角度解析"各类省区"数字经济碳减排的空间效应、减排路径和作用强度；构建中介效应模型，解析数字经济碳减排过程中绿色创新技术水平、能源消费结构和产业结构的间接作用路径。最后，借助影子价格模型，结合数字经济碳减排效应的差异性和碳减排现状，科学重构"后进省区"碳减排目标，优化"双碳"目标下数字经济赋能碳减排目标实现的支持路径。

本书各章编写人员：第1章，安永芳、赵欣宇；第2章，焦黎明、安永芳；第3章，张炯、焦黎明、沈恬恬；第4章，米国芳、姜雯心；第5章，米国芳、张炯；第6章，焦黎明、沈恬恬；第7章，安永芳、沈恬恬、姜雯心；第8章，姜雯心、赵欣宇；参考文献，姜雯心。本书由米国芳、冯瑞琴、崔露莎、袁梦亮等统稿和修改。

由于作者学识、水平有限，书中难免有错误及疏漏，恳请国内外相关领域专家学者以及读者批评指正。同时，感谢中国商务出版社编辑为本书出版付出的辛勤努力。

Contents

1 绪 论

1.1 研究背景和意义

1.1.1 研究背景

数字信息时代下数字经济的发展浪潮势不可当，这是世界各国促进经济高质量发展和在国际社会中争夺话语权的焦点。自2012年以来，很多国家提出了"国家大数据战略"，构建数字经济，促进经济可持续发展，减少经济发展与环境保护之间的对立[1-2]。经济高速发展对全球气候变化的影响给全人类生存发展带来重大挑战。温室气体的排放是造成全球变暖的主要原因之一，温室气体排放量的增加，对人类的生活、经济活动、生存环境等造成了严重的负面影响，最终会影响全球的可持续发展进程。因此，碳减排工作一直都是全球重点关注的课题。随着网络信息技术的持续创新，数字经济凭借其高渗透性、规模效应及网络效应成为新发展格局中对经济体内部禀赋及外部环境巨大变化的直接性回应，数字经济高速发展受到学术界及实务界的持续关注，其中，数字经济的环境改善效应是学界聚焦的重点之一。因此研究数字经济如何对碳减排工作产生作用，对于促进社会经济的可持续发展具有重要意义。

1.1.1.1 全球气候变化是全球性课题

全球气候变化是世界瞩目的热点问题，全球人口和经济规模的增长，导致能源使用量上升，进而造成了一系列的环境问题。一方面，经济的发展会造成碳排放量的增加；另一方面，各国的经济发展又受到气候条件的制约，恶劣的气候会给各国的经济带来损失。因此，碳减排是一个全球性的课题，引起了国际社会的广泛关注。1972年，联合国召开了人类历史上的第一个世界环境会议，此次会议通过了《人类环境宣言》，该宣言指出人类只有一个地球，保护和改善环境是世界人民幸福和各国经济发展的关键，也是世界人民的希望和各国政府的责任。自19世纪起，世界各国一直在为气候变化做出努力，为此制定出台了众多关于气候的协议，如《京都议定书》和《巴黎协定》等。然而自工业革命以来，随着人类生产活动的持续增加，地球大气层中温室气体的集聚迅速增长，加剧了地球大气层原有的温室效应

[3]。联合国政府间气候变化专门委员会（IPCC）成立于1988年，主要针对气候变化相关问题进行全面的评估和研究，目前已经发布了六次评估报告。高启慧等（2023）对IPCC第六次报告进行了解读，综合报告的主要结论表明，2011—2020年，全球地表温度较1850—1900年升高了1.1℃，2019年全球温室气体净排放量分别较2010年和1990年增长12%和54%，预测在2040年之前，全球升温将突破1.5℃ [4]。全球气温上升会带来气候危害的升级，其中对人类社会和生态系统的损失与损害最为严重。因此，为实现经济的可持续发展，应当将适应气候变化的措施与减少温室气体排放的行动结合起来。

1.1.1.2 数字经济发展的赋能作用

随着信息技术的高速发展，数字经济以大数据、人工智能、物联网等数字技术为核心驱动力，正在通过新技术形成新产业、新产业催生新模式等路径，赋能全球经济的数字化转型以及高质量发展。数字经济增长速度快且规模大，对经济增长的带动作用非常显著，在世界经济论坛2017年年会、"一带一路"国际合作高峰论坛、2021年中央经济工作会议等重要会议上，习近平总书记均强调数字经济发展的战略重要性并作出重要指示。中国信息通信研究院发布的《中国数字经济发展报告（2024年）》显示，2023年我国数字经济高于同期GDP名义增速2.76个百分点。在宽带中国、5G及工业互联网推动下，2023年，数字经济规模达53.9万亿元，占GDP比重达42.8%，同比名义增长7.39%[5]。不少学者认为数字经济是环境友好的，其通过信息技术的革新能为全球经济结构转型提供高效的信息交流途径，为经济实现绿色发展提供了可行性的实现路径[6]。易子榆等（2022）认为，数字经济通过数字产业本身技术水平提升和数字技术赋能其他产业这两种效应，具有显著的赋能减排效应[7]。赵向豪、刘亚茹（2024）认为，数字经济可以通过加快生产性资本更新迭代以及加大绿色技术创新能力，进而通过绿色技术进步赋能资源型产业绿色转型[8]。

1.1.1.3 当前社会对碳减排的共识和努力

1992年，联合国环境与发展大会通过的《联合国气候变化框架公约》，是世界上第一个为全面控制二氧化碳等温室气体排放、应对全球气候变暖给人类经济和社会带来不利影响的国际公约，这份公约是全球减排行动的基础框架。2015年通过的《巴黎协定》标志全球气候治理迈入了新阶段。因此，各国政府对于碳减排实施了众多政策和措施，比如征收碳税、建立碳交易市场、推动可再生能源利用、提高能源效率等[9]。不少国家和政府也通过碳中和等气候行动强化减碳力度，比如美国在重返《巴黎协定》后，承诺到2050年实现碳中和[10]。日本在2020年表示于2050年实现碳中和，构建"零碳社会"[11]。大部分国家提出在2050年前实现碳中和，我国则是唯一一个提出2060年前实现碳中和的国家。对于全球碳治理，国际社会在行动。

多年来，我国一直致力于推进碳减排工作。早在1997年《京都议定书》签订之前中国政府就已经意识到节能减排对于经济可持续健康发展的重要性[12]，1986年我国发布的《节约能源管理暂行条例》从工业、企业等多个方面规定了节能措施，以实现合理利用能源，降低能源消耗[13]。在中国的工业化和城镇化进程中，我国在2006年提出的"十一五"规划对建设资源节约、环境友善社会提出了明确规定，"十一五"规划明确提出了主要污染物排放总量减少10%等约束性指标，将节能减排作为经济社会发展的重要任务。中国在"十四五"规划中提出了加快发展方式绿色转型以及实现"双碳"目标的重大战略。在气候变化对全球碳减排提出迫切要求的背景下，2020年9月22日，习近平总书记在第七十五届联合国大会上表示："中国将提高国家自主贡献力度，采取更加有力的政策和措施，二氧化碳排放力争于2030年前达到峰值，努力争取2060年前实现碳中和。"长期以来，我国始终秉持绿色低碳循环发展的理念，勇于担当大国责任，积极应对碳排放问题。

总而言之，在"双碳"目标和数字经济成为我国经济增长重要推动力的背景下，不断发展的数字经济是否能够助力碳减排？假如该逻辑成立，数字经济促进碳减排的理论机理是什么？不同减排进度的省区其数字经济的碳减排效应在空间分布和本身特征上是否存在差异？数字经济助力碳减排的作用路径是否验证了其减排的理论机理？其减排的真实作用路径和作用强度如何？厘清上述问题，有助于我们更清晰地认识数字经济与碳排放之间的关联，并在此基础上进一步加快数字经济建设，为碳减排"后进省区"完成减排目标，为整体碳减排工作扎实推进提供重要保障，进而为实现"双碳"目标提供有益的政策启示。

1.1.2 研究意义

中国幅员辽阔，由于各省份经济发展水平、人口规模和能源消耗等方面的显著差异，各地区之间的碳排放情况迥异。数字经济的产生，可以追溯到20世纪90年代，且随着科学与信息技术的高速发展，数字经济正在不断推动生产力、生产方式的深刻变革。在一定程度上，数字经济具有环境改善效应，其发展给促进碳减排效应带来了新的挑战和机遇。将数字经济发展这一变量引入碳排放影响机制的研究中，能够系统分析数字经济发展对于碳排放强度的作用。

1.1.2.1 理论意义

数字经济的快速发展，在影响经济发展的同时，也在影响着环境。探索数字经济对碳减排的影响机制，对于推动经济绿色低碳发展具有一定的理论意义。

第一，对现有数字经济发展水平的测度研究进行了补充。在已有的研究中，学者们都是基于数字经济内涵或特征构建数字经济发展水平的评价指标体系，研究目的侧重点不同，构建数字经济发展水平的评价指标体系也不同，所以学术界关于数字经济发展水平的测度方法并未形成统一。因此，关于数字经济发展水平的测度可以在基于数字经济内涵和特征的基础上进行扩展研究，本书在《数字经济及其核心产业统计分类（2021）》将数字经济划分为产业数字化和数字产业化两个维度的基础上，增加了数字经济基础设施建设和数字创新能力两个维度，从四个层面构建了数字经济发展水平的多维综合评价指标体系。对现有数字经济发展水平的测度研究在一定程度上进行了补充。

第二，丰富了数字经济关于碳减排效应的研究。数字经济发展与碳减排的相关研究是当今时代的热点话题。比如数字经济可以通过改善能源结构、促进技术创新、促进产业结构优化升级等路径显著降低碳排放，数字经济与碳排放效应之间存在非线性关系，数字经济的碳排放效应具有异质性等研究。本书不仅研究了数字经济赋能碳减排效应的作用路径和数字经济碳减排效应的异质性特点，更是识别了碳排放的"后进省区"，并分析了其实现路径和异质性特征。此外，还分析了数字经济碳减排效应的空间效应，并且重点关注了"后进省区"能否实现碳减排目标，以及实现约束目标的优化路径。因此，对数字经济关于碳减排效应的相关研究进行了补充。

第三，为数字经济助推低碳经济发展提供了依据。低碳经济也是为应对全球气候变化而产生的。低碳经济发展有助于解决能源与环境之间的矛盾，是实现可持续发展的必然选择和必由之路。而随着新一代科技革命的到来，数字经济逐渐成为当前社会的新型经济形态，数字化、智能化技术为生产过程中带来的效率提升与成本降低等优势，逐渐成为经济低碳发展的重要推力。本书深入分析了数字经济的碳减排效应，揭示了数字经济赋能碳减排的实现路径，丰富了数字经济发展与碳减排相关研究的实证分析，为数字经济赋能碳减排进而推动经济低碳发展提供了新思路。

1.1.2.2 现实意义

数字经济不仅可以通过产业技术升级等方式促进传统产业的数字化转型，有效提高能源利用率，实现碳减排，从而助力全球气候目标的实现；还可以推动产业绿色升级，引导传统产业向绿色低碳方向转型，催生新的绿色经济增长点。厘清各省区碳减排现状并适时设置和调整碳减排目标是整体碳减排工作扎实推进的重要保障。为此，以囊括三大产业的碳排放量和碳排放强度为研究载体，识别碳减排"后进省区"，实现碳减排水平的全面测度和减排分类的精准识别。依据数字经济发展的新态势和新特征，从数字经济基础设施、产业数字化、数字产业化、数字创新能力四个维度构建更加准确、合理、全面且更具时效性的数字经济发展指标体系，实现数字经济发展水平测度的创新性升级。分析数字经济的环境改善效应，从四个维度探索数字经济碳减排效应的理论机理，实现数字经济赋能碳减排的理论机理创新。引入SBM对偶模型测算"后进省区"碳排放影子价格完成碳减排成本的测度，针对不同时间节点设置差异化的数量约束目标，为"后进省区"约束目标的实现提供路径优化。由于各地区社会经济发展水平差异较大、施政理念也不尽相同，客观上可能会导致其减排进度的不一致。而各自减排进度的不同显然不利于我国总体减排战略的实现。在此情形下，厘清各地区碳减排现状，从中识别出减排"后进省区"，准确测度不同类型减排省区数字经济驱动的碳减排效果，并对其减排目标和路径进行调整与优化对加快"双碳"目标的实现减轻压力，为我国政府及相关部门提供碳减排的可供参考、可推广、可实践的新思路和新选择。

1.2 文献综述

1.2.1 数字经济相关研究

1.2.1.1 数字经济定义和内涵

近年来，数字经济逐渐成为全球经济增长的主要推力，其内涵正在不断丰富。1996年，美国学者泰普斯科特在其《数字经济时代》一书中，使用"数字经济"这一概念论述了美国信息高速公路普及化后所产生的新经济体制，这也宣告了世界数字经济的来临。随后众多学者、政府机构开始从不同角度对数字经济的内涵展开研究。

美国商务部经济分析局（BEA）从数字基础设施、数字交易系统和数字内容三个维度界定了数字经济的内涵，认为数字经济应包含互联网、信息化和数字化交易三方面的内容。而在我国有关部门的定义中，2016年G20杭州峰会发布的《二十国集团数字经济发展与合作倡议》中将数字经济界定为以信息网络为媒介，以知识和信息等数据要素为生产要素，以提升信息通信技术使用效率和优化经济结构为主要推动力的一系列经济活动，这个数字经济的定义在国际上得到普遍认可[14]。2020年，中国信息通信研究院发布了《中国数字经济发展白皮书》，白皮书明确指出，数字经济涵盖产业数字化和数字产业化两个主要部分。其中，数字化信息是关键生产要素，信息网络是重要载体。李长江（2017）认为，数字经济是主要以数字技术方式进行生产的经济形态，数字经济的本质特征是全社会生产方式以数字技术为主的经济形态，数字技术不是独立的变量，而是与资本、劳动力等紧密结合，数字经济具有时效性，数字经济的存在和信息技术的存在紧密相关[15]。裴长洪等（2018）在数字经济概念的经济学解释的基础上，进一步从政治经济学原理的角度探讨了数字信息产品和数字产业的特点；认为数字经济将数据信息及传送的技术手段融入传统经济中，以实现经济在"质"与"量"方面的提升，是一种继农业经济与工业经济之后出现的更为高级的经济形态[16]。刘军等（2020）认为，数字经济是以数字化信息作为核心要素，以信息化和互联网的蓬勃发展为重要支撑，凭借数字化技术开展产品或服务供给的新型经济形态[17]。许宪春、张美慧（2020）系统梳理了数字经济的演变历程，并在此基础上对数字经济内涵进行了界定；认为数字经济以数字化技术为基础，以数字化平台为主要媒介，并以数字化赋权基础设施为重要支撑[18]。陈晓红等（2022）建立了数字经济的理论体系框架，并阐释了理论体系框架中数字经济内涵与特征理论，对数字经济的概念给出了一个较为宽泛的界定：数字经济是一种将数字化信息（其中数据是占据关键地位的要素）作为核心资源，以互联网平台作为主要信息承载媒介，受数字技术创新驱动的引领，并以多种新颖的商业模式和业态展现出来的经济活动；这个范围界定的核心内容包含数字化信息、互联网平台、数字化技术、新型经济模式和业态四个方面[19]。白津夫（2023）认为，数字经济的内涵有广义和狭义之分，从广义角度来看，数字经济可概括为因数字要素而得以显著增强的经济活动；从狭义角度来看，数字经济可被概括为一种以数字要素为基础的经济活动，其经济活动的开展主要围绕数字要素展开，这些数字要素在该经济活动中起着核心的支撑和推动作用，决定着经济活动的基本形态、运作模式以及价值创造方式[20]。胡明（2025）在研究中俄数字经济合作的文献中，指出了两国有关数字经济内涵的异同；表明中俄两国对于数字经济内涵的界定，都说明了数字资源的关键性作用，都认为信息技术是数字经济领域合作的重要方向，都体现了数字经济发展对可持续发展的重要性[21]。

1.2.1.2　数字经济发展水平测度

当前对于数字经济发展水平的测度思路主要分为两种：一是采用国民经济核算方法测度数字经济总产出或增加值。二是采用多维综合指标合成方法编制数字经济发展指数。

第一类方法依据数字经济产业统计分类，依赖现行的国民经济核算框架，通过投入产出法、增长核算法、卫星账户法等，计算数字经济总产出或增加值，以此代表数字经济发展水平。康铁祥（2008）基于马克卢普的知识产业内容测算体系、波拉特的信息经济产出测算体系以及美国商务部《2002年数字经济研究报告》研究结论，并考虑到已有研究在辅助活动核算方面的不足，提出了有关数字辅助活动所创造的增加值的计算方法[22]。向书坚、吴文君（2019）结合中国数字经济发展现状与涉及原理构建了中国数字经济卫星账户框架[23]。杨仲山、张美慧（2019）基于OECD等国际组织及美国、新西兰等国家对数字经济的测度及DESA研究经验，提出了中国DESA的整体框架[24]。吴利学、方萱（2022）借助投入产出表，分析了数字经济产业结构，以此研究数字经济发展[25]。另外，王硕等（2023）对数字经济产业进行划分，编制数字经济投入产出表，研究2018年我国数字经济就业效应[26]。张恪渝、武晓婷（2023）在投入产出表的基础上，创新性地构建了数字经济卫星账户，进而对数字经济产业进行生产核算[27]。杨传明、姚楠（2024）基于投入产出双维度，构建了数字经济发展水平测度模型[28]。黄浩、姚人方（2024）认为，数字经济与传统产业深度融合，是一种不易剥离的效率型数字经济，通过增长核算方法可以更容易核算[29]。

第二类方法是将数字技术带来的新媒体、新服务等形式纳入评价体系，选择更为系统、全面的指标，从而更真实地反映数字经济发展水平和变化趋势。但评价标准和数据来源的不同可能会影响数字经济测度结果的可信度。目前，大部分学者对于数字经济多维指标体系评价方法主要集中于主成分分析法、熵值法、熵权-Topsis

法、DEA-Malmquist、BBC-DEA等，其中主成分分析法与熵值法被大多数学者广泛应用。刘莉、陆森（2023）选取固定端互联网用户数、移动端互联网用户数、互联网行业从业人员数、互联网行业产出、数字金融发展五个指标构建数字经济发展水平评价指标体系，并采用主成分分析法测算数字经济水平[30]。黄敦平、倪加鑫（2023）同样采用主成分分析法围绕数字产业化、产业数字化以及数字化社会影响力三个方面测算数字经济综合得分[31]。芦婧（2023）从发展基础、数字技术应用和数字金融支持维度构建省域数字经济评价指标体系，并采用主成分分析法测算省域数字经济水平[32]。宋成镇等（2024）从互联网发展水平和数字普惠金融发展水平两个维度构建了数字经济综合发展指标体系，并采用主成分分析法对上述指标数据进行标准化和降维[33]。王军等（2021）基于数字经济内涵，着眼于数字经济发展载体、数字产业化、产业数字化及数字经济发展环境四个维度，建构了数字经济指标体系，利用熵值法测算了数字经济发展水平[34]。裴潇等（2023）选取每百人互联网用户数、计算机服务和软件从业人员占比、人均电信业务总量、每百人移动电话用户数以及数字普惠金融指数五个指标构建了数字经济综合发展指标体系，并采用熵值法对指标水平进行了测算[35]。张耿依一（2023）建立了包含数字创新能力、数字产业发展、数字基础设施建设以及数字应用的综合指标体系，选用熵值法进行测算[36]。邹静等（2024）从数字经济载体、数字产业化以及产业数字化三个维度构建数字经济发展指标体系，利用熵值法对数字经济发展水平进行计算[37]。孙小强等（2023）依据数字经济的核心要义和行业分类，确立了基础条件、企业数字化、产业数字化和经济总量四个维度，从这四个维度构建了中国数字经济发展水平指标体系，并采用熵权-Topsis法对数字经济发展水平进行了测算[38]。张永恒、王家庭（2020）从发展潜力、生产应用、生活应用以及基础设施四个维度构建了数字经济发展水平评价指标体系，并借助熵权-Topsis法测算数字经济发展水平[39]。曾爱华等（2024）选取数字基础设施、数字产业化、产业数字化、数字创新能力为准则层，构建了数字经济发展水平评价指标体系，并运用熵权法测算数字经济发展水平[40]。韩松花、赵艺璇（2024）从数字基础设施、数字产业化、产业数字化三个维度构建了数字经济发展指标体系，同样采用熵权-Topsis法对其进行了测算[41]。张晓鹤等（2024）选取与韩松花、赵艺璇（2024）等学者相同的准则层，但选用熵权-Topsis法对指标权重进行了测算[42]。蔡昌等（2020）利用BCC-DEA模型和Malmquist指数模型测算了2008—2016年中国数字经济产出效率[43]。李研（2021）运用DEA-Malmquist指数方法测度中国各省份及八大经济区数字经济产出效率的地区差异[44]。

李敏杰等（2024）选取纵横向拉开档次法，避开主观赋权法的弊端，测度了我国各省份数字经济发展水平[45]。

1.2.1.3 数字经济赋能作用

目前，学术界对于数字经济以及数字技术相关的话题给予高度的关注。诸多文献从多个角度研究了数字经济的赋能作用，包括对数字经济赋能经济高质量发展、共同富裕、乡村振兴、产业结构升级以及民生就业等方面进行了研究。

高质量发展是全面建设社会主义现代化国家的首要任务，其核心内涵包含了创新、协调、绿色、开放、共享的新发展理念。数字经济所带来的科技与产业的变革，使其成为驱动经济高质量发展的新动能。刘淑春（2019）从理论视角分析了数字经济作为驱动中国数字经济发展新动能的原因，并论述了高质量发展数字经济的着力点，由于生产关系滞后制约了生产力的发展，因此应重构数字经济发展生态系统以实现数字经济的高质量发展[46]。赵涛等（2020）认为，数字经济通过提升创业活跃度以推进经济的高质量发展，并验证了数字经济对高质量发展的"边际效应"递增的非线性溢出影响[47]。葛和平、吴福象（2021）实证经验表明，数字经济的发展，使经济效率得以提升以及经济结构得以优化，能够促进经济的高质量发展[48]。任保平、何厚聪（2022）论述了数字经济赋能经济高质量发展理论逻辑的三个方面：微观层面数字经济的规模经济效应、范围经济效应以及网络经济，中观层面助推产业转型升级，宏观层面提高生产率[49]。洪银兴、任保平（2023）指出，在新发展阶段，加快推进数字经济与实体经济的深度融合，数字技术与数据要素的双轮驱动可以推进实体经济的高质量发展[50]。王军等（2023）提出数字经济发展通过刺激消费扩容进而正向促进经济的高质量发展，且这种影响具有空间差异[51]。

社会主义的现代化进程，就是逐步实现共同富裕的过程[52]。随着信息技术的发展，中国逐步进入数字经济时代，因此未来共同富裕会以数字经济为依托[53]。蒋永穆、亢勇杰（2022）指出，数字经济不仅可以提升社会生产效率进而夯实实现共同富裕的物质基础，还可以拓宽发展渠道，促进不同群体的共同富裕[54]。向云等（2022）系统回答了数字经济如何赋能共同富裕的问题，一方面，数字经济使生产力得到了高度发展，加速提升了社会共同富裕水平；另一方面，数字经济使产业结构水平趋向高级化、产业结构趋向合理化，为共同富裕提供持续动力[55]。朱太辉等（2022）基于数字经济的实质内涵和构成要素，从索罗增长模型理论阐释了数字经济促进共同富裕的"增长效应"和"共享效应"[56]。王军、罗茜（2023）实证表明，数字经济可以促进产业结构转型升级以及促进产业结构转型升级对共同富裕产生积极的正向推动作用[57]。柳毅等（2023）基于内生增长理论分析了数字经济驱动共同富裕的因素，数字经济对于共同富裕发展的促进作用，呈现出基于非线性增长模式的乘数累积效应[58]。侯冠宇、熊金武（2023）基于组态视角，从"信息化""互联网""数字交易"三个角度实证分析出了数字经济推动共同富裕水平的提升路径[59]。

乡村振兴是全面建成小康社会后"三农"工作重心的历史性转移，在现阶段，深刻把握好数字经济所带来的生产力与生产方式改革的机遇，可加速推进乡村振兴，加快实现农村现代化的发展步伐（董志勇　等，2022）[60]。数字乡村是数字中国的重要组成部分，建设数字乡村可以为乡村振兴提供新的动力，促进农业农村现代化发展（秦秋霞　等，2021）[61]。数字化是推动乡村振兴的重要手段，以数据为核心要素，数字技术为推动力，现代信息网络为重要载体，推进乡村全面振兴（赵德起、丁义文，2021）[62]。通过发挥金融在乡村振兴中的重要作用，乡村振兴可以成为经济增长的关键推动力，数字技术可以通过解决传统金融服务中的不足，进而促进乡村高质量振兴（陆岷峰、徐阳洋，2021）[63]。数字经济可以显著通过技术创新效应、人力资本效应的有效路径驱动乡村振兴（何雷华　等，2022）[64]。孟维福等（2023）实证表明了数字经济可以通过提升科技创新能力、增加农村创业以及升级消费等路径推动乡村振兴[65]。陈雪梅、周斌（2023）基于理论分析得出，数字经济通过赋能乡村振兴的重要战略间接推进乡村振兴，一方面，数字经济推动供需结构升级促使乡村产业发展；另一方面，数字经济通过市场培育激活乡村生态价值[66]。李媛、阮连杰（2023）认为在数字经济背景下，农业农村的现代化表现出新的特征，譬如农业生产更具多元化、智能化和安全化，农业经营更具集约化、高效化和稳定化[67]。冯伯豪、王晓红（2024）指出数字农业是推进乡村振兴的重要手段，不仅可以提高科技创新能力，促进乡村经济的发展，还可以优化农村生活环境推动乡村振兴的实现[68]。

产业结构调整升级是经济发展的重要任务，唐文进等（2019）指出，金融发展可以推动产业结构优化升级，数字普惠金融是互联网与传统金融行业的结合，因此数字普惠金融对产业结构优化升级具有显著的正向效应，且这种影响效应是非线性的[69]。沈运红、黄桁（2020）探究了数字经济对制造业产业结构优化升级的影响，数字经济的三个维度，即数字基础设施建设、数字化产业和数字技术创新科研都可以正向推动制造业产业结构优化[70]。李治国等（2021）认为数字经济只有推动了产业结构高度化和结构化，才能说明数字经济显著推进了产业结构的转型升级[71]。刘洋、陈晓东（2021）从线性与非线性两个方面阐释了数字经济对于产业结构升级的影响机制，数字经济对于产业结构升级有着直接影响，不仅能够通过数字技术催生新产业，还能实现产业数字化，促进传统产业转型升级，从而进一步加速产业结构升级[72]。陈晓东、杨晓霞（2021）认为，数字经济对产业结构升级的影响具有明显的阶段性特征，数字产业化是产业结构升级的基础性与先导性条件，而产业数字化在促进产业结构升级方面呈现出更为显著的效应[73]。王莹（2024）分析了数据要素发展对产业结构转型升级的影响，作为数字经济的关键要素，数据要素的发展可以从提升创新水平、促进社会分工深化两个方面推动产业结构升级[74]。陈丽莉等（2024）也认为，数据作为数字经济中的核心要素，能够通过削弱信息不对称性、降低供应链集中度等途径赋能企业创新，正向促进产业结构优化调整[75]。

数字经济对于企业发展的影响，除了推动产业结构升级，还可以提升全要素生产率[76]、促进企业创新[77]、推动企业绿色转型[78]等。

数字经济所带来的社会变革，在推动经济发展与企业发展的同时，也在深刻冲击着现有的就业格局[79]。王文（2020）认为随着工业智能化水平的提升，会显著增加服务业的就业份额，使得行业的就业结构趋于高级化，由此实现了高质量就业[80]。戚聿东等（2020）指出数字技术的进步可以增加就业岗位，从而增加就业总量，通过产业结构的调整和优化升级可以优化就业结构，从改善就业环境、提高就业能力、提高整体劳动报酬等方面提升就业质量[81]。叶胥等（2021）实证检验了数字经济从产业、行业、技能三个层面调整就业结构，产业结构升级和人力资本存量提升的中介效应可以对这种影响产生增益效果[82]。胡拥军、关乐宁（2022）从就业数量角度，探讨了数字经济影响就业市场的就业创造效应与替代效应，一方面，数字经济带来的生产率提升和产业部门创新都导致了劳动力需求增加；另一方面，智能技术创新使得"机器人"使用量增加，出现大量"机器换人"现象，产业结构变革导致了技术性失业[83]。周慧珺（2024）关注了数字经济的发展对于就业稳定性的影响，其理论建模结构表明，当就业匹配效果增强时，数字经济发展会正向提高就业稳定性[84]。苏培、贺大兴（2024）研究表明，数字经济通过提高城市创业活跃度以及产业结构升级，促进创业，从而带动了就业，而产业升级不仅在需求端增加了对于高技能劳动力的需求，也在供给端为劳动者学习新技能提供了渠道[85]。总体来说，数字经济作为推动经济增长的新动能，对于社会发展的影响是全面而复杂的，因此数字经济的赋能作用范围广泛。

1.2.2 碳排放相关研究

1.2.2.1 碳排放和碳排放强度测度

20世纪末至21世纪初，随着全球气候变暖现象的加剧，学术界和国际社会开始广泛关注温室气体的排放问题。1988年联合国政府间气候变化专门委员会（IPCC）从科学与政治角度推进碳排放领域的研究与实践。1992年该委员会为有效应对气候变化出台了一份纲领性文件——《联合国气候变化框架公约》，用来专门负责控制二氧化碳等温室气体排放工作。1997年，《京都议定书》的出台为发达国家设定了减排和限排指标。这些协议的提出对各国在温室气体排放方面的责任与义务提出了明确要求，由此催生了对于碳排放强度的核算需求。碳排放强度，是评估能源利用质量与碳排放效率的关键指标，用单位GDP产生的碳排放量表示。因此对碳排放强度的测度需要对经济水平进行界定以及碳排放量进行测定。IPCC基于国家层面为各国构建碳排放量核算提供了范式和框架。

目前，对于碳排放量核算方法常见的有IPCC碳排放系数法、投入产出分析法和生命周期分析法。IPCC碳排放系数法的核心思想是参考IPCC发布的相关指标，如温室气体清单、碳排放系数等，再根据研究的实际情况对碳排放量进行核算。此类方法应用得较多。其核心思想是选取不同的能源种类为切入点，如煤、石油、天然气等，再选取能源所对应的碳排放系数（系数来源于IPCC），然后计算碳排放量。孙建卫等（2010）基于《IPCC国家温室气体清单指南》，从能源活动，工业生产过程，农业、林业及其土地利用变化，废弃物处置四个角度选取对应的排放因子对中国各省域碳排放量进行了核算[86]。程叶青等（2013）选取天然气、柴油、煤油等八类主要化石能源，认为碳排放量等于各类能源的消费总量与各自的平均低位发热量与二氧化碳排放系数的乘积[87]。鞠颖、陈易（2015）给出了基于碳排放因子法计算碳排放量的具体原理和过程，碳排放因子法计算碳排放量有两个变量需要考虑，一是活动水平，一般是能源使用量、材料生产量等，可以通过调查或者模拟计算得到；二是明确碳排放因子，如能源碳排放因子、材料碳排放因子、距离碳排放因子等（学术界对排放因子已有大量数据库、报告等资料），排放因子常常与活动水平相对应[88]。胡姗等（2020）则提出了不同的观点，认为IPCC基于生产者责任法，核算的范围不够广泛，仅核算建筑内由于化石燃料燃烧所产生的碳排放，而不包含由于电力、热力、建材等使用造成的碳排放，因此学者在研究中国建筑领域能耗的碳排放时，重新对碳排放的定义进行了界定，建立了中国建筑能耗的碳排放模型

[89]。李俊奇等（2023）肯定了碳排放核算边界的重要性，在明确了核算边界的前提下，借鉴了《IPCC2006年国家温室气体清单指南2019修订版》中不同活动类型碳排放的计算公式，分析不同阶段的活动水平以及对应的碳排放因子[90]。王志强、蒲春玲（2022）运用排放因子法核算城镇化碳排放量时，首先对其核算指标体系进行了分解，这一步是为了明确活动因子以及其对应的排放因子[91]。袁广达等（2023）则依据IPCC清单测算了区域碳排放量，但是只考虑了能源消耗排放量和电力消耗排放量两个活动水平[92]。李静等（2024）同样基于《IPCC国家温室气体清单指南》中的计算方法，使用京津冀各类能源消费数据，核算了该地区的能源消费碳排放量[93]。

投入产出分析法原本是用于分析经济系统中各个部门之间相互依存关系的经济分析方法，随着研究的深入，学者们将投入产出模型运用到环境领域，以此来研究国民经济各产业部门对环境的影响，在碳排放的相关研究中，所求得的结果表示各产业部门的碳排放强度。该方法的核心是投入产出表和划分部门。彭水军等（2015）从投入产出角度，构建投入产出模型（MRIO），对中国生产侧和消费侧碳排放量进行了测度[94]。赵先超等（2018）认为旅游业包含了国民经济中的大部分产业部门，因此核算旅游业碳排放适用投入产出法模型[95]。王宪恩等（2021）认为，多区域投入产出分析可了解不同区域部门之间在不同环境变化下的关系，并将省域碳排放清单整理为27个行业[96]。李堃等（2022）考虑区域间经济与碳排放两者的关联，利用区域间投入产出模型，创新性地将传统的完全碳排放强度基于属地范围核算转换成了基于属地行为核算[97]。张天骄等（2022）提出投入产出法可以将复杂联系现象进行量化分析，投入产出模型（MRIO）可用于各区域引起的贸易隐含碳排放量测算[98]。杨本晓等（2023）认为使用投入产出表核算碳排放，结合排放系数，可以将产业间的经济关系转换成碳排放的实物联系，依据研究的实际情况，选取了合适的投入产出表对产业部门的划分进行了合理调整[99]。阳立高等（2024）基于投入产出关系，详细给出了中国对外贸易隐含碳排放的核算体系，其投入产出表的制定，依赖于对数字经济核心部门的明确划分（即划分投入部门和产出部门），进而基于投入产出表测算出碳排放表[100]。付舒斐等（2025）对农业领域碳排放强度进行了测度，将碳排放总量分为耕地生产要素投入、农作物生长和农作物收获三个层面，对这三个层面的碳排放量继续细化计算，其核心思想是对应碳源的总量与对应碳排放系数的乘积和，最终碳排放总量与农业总产值的比值得到碳排放强度[101]。

生命周期评价法适用于微观领域，能够系统评价产品、过程或服务从原材料获取、生产、使用直至最终处置整个生命周期内对环境影响。它涵盖了从"出生"到"死亡"的全过程，旨在全面评估所研究对象在其整个生命周期中对环境产生的潜在影响。但这种方法需要大量详细的数据，而且由于涉及多种数据来源和评价方法，存在一定的不确定性，也有一定的主观性。周思宇等（2021）在核算耕地利用碳排放量时，首先对农作物生产过程进行了详细划分，其次对各个环节所产生的碳排放进行核算[102]。崔冠楠等（2022）从理论视角探讨了核算粮食种植过程中碳排放的可能性，将粮食种植的全生命周期分为粮食种植阶段和生产过程的田间措施，并针对具体环节的生命周期链所产生的碳排放量依次进行核算[103]。赵苏苏等（2023）认为，建筑在建设城市的生命周期中所造成的环境问题较多，因此比较适用生命周期法对建筑生命周期内各阶段所产生的碳排放进行评估[104]。李嘉欣等（2024）利用生命周期法，构建了水循环系统中的取水—供水—用水—排水的碳核算体系，四个环节计算碳排放量的核心思想是确定能耗强度和排放因子[105]。

除此之外，还有学者运用其他方法对碳排放量进行核算，如基于NPP-VIIRS夜间灯光数据对碳排放量进行测度，其核心思想是城市夜间灯光亮度越高，表示该城市的经济发展水平越高，因此夜间经济活动更为活跃，会产生更多的能源消费。邓荣荣、张翱祥（2021）在研究城市碳排放强度的过程中，认为在城市尺度中，不存在详细的能源消费和分类数据，因此对城市的碳排放量采用NPP-VIIRS夜间灯光数据进行反向推演[106]。张卓群等（2022）认为，直接使用能源统计数据估算二氧化碳排放量存在潜在问题，因此在中国碳核算数据库发布的碳排放数据的基础上，采用夜间灯光数据对二氧化碳排放量进行反演，最终结合二氧化碳排放量和地区生产总值两项数据得到了地区碳排放强度[107]。

碳排放核算的基本要素涵盖核算主体、核算范围及核算对象等[108]。只要其核算要素的设定不同，所测算得到的结果也将不同。因此，在实际研究过程中，碳排放强度核算始终无法形成一致、可比的体系[109]。

1.2.2.2 碳排放影响因素

学术界针对碳排放的研究由来已久，这些研究表明，影响碳排放的因素主要包含经济、能源、政策等方面，只是在不同的研究中，由于研究的视角不同，对这些因素有所延伸和细化。碳排放的影响要素是多方面的，是一个复杂的影响因素体系。

一是经济相关因素。王锋等（2010）通过实证分析，认为二氧化碳排放增长的最大驱动因素是人均GDP增长，而工业部门能源效率的提高是促使二氧化碳排放量下降的主要因素[110]。张友国（2010）探究了包含消费、投资和出口三者结构、三次产业之间结构以及广义技术水平在内的经济发展方式变化对中国碳排放强度的影响机制，实证给出了经济发展方式变化对碳排放强度的提升数值[111]。严成樑等（2016）创新性地构建了包含金融发展、创新与二氧化碳排放在内的内生增长模型，分析金融发展对二氧化碳排放的影响，发现金融发展不仅可以促进创新进而减少二氧化碳排放，还会促进经济增长和扩大能源消费提升二氧化碳排放强度[112]。席艳玲、牛桂敏（2021）分析了人均碳排放量与经济增长的关系，认为高收入国家，其产业结构高级化和市场开放的减排效应显著[113]。邵帅等（2022）指出经济结构的优化调整，包含产业结构、要素结构和能源结构等的优化调整，对碳排放绩效的提升具有直接和间接效应[114]。赵培华（2023）建立了脱钩模型对碳排放与经济增长之间的关系进行研究，认为从长期预测结构来看，农业碳排放和经济增长之间存在弱脱钩关系，即碳排放量增长的同时经济也在增长，但经济增长的幅度大于碳排放增加幅度[115]。吕洁华等（2024）的研究表明，在发展过程中，碳排放效率会驱动区域经济增长，而在一定时期内，区域经济增长会负向抑制碳排放效率[116]。

二是能源相关因素，包括能源消耗量、能源结构等对碳排放的影响。徐国泉等（2006）指出，碳排放的主要来源是经济快速发展引起的能源消费，因此构建了因素分解模型，认为能源效率和能源结构在一定程度上可以抑制碳排放，但这种抑制效果在减弱[117]。肖德、张媛（2019）探究了可再生能源消费对二氧化碳排放的影响，这种影响受到金融发展的制约，这是因为金融发展水平越高，可再生能源行业发展越好。当金融发展水平较低时，可再生能源消费正向影响二氧化碳排放。当金融发展水平达到高水平时，二氧化碳排放的可再生能源消费弹性变大[118]。陈军华、李乔楚（2021）实证研究表明，能源强度效应是减缓区域碳排放增长的关键因素，但这种抑制作用在短期内并不显著，而是在未来逐渐增强的[119]。宋敏、邹素娟（2022）分析得出能源消费结构对碳排放效率具有负向影响，且这种影响将会随着区域经济增长而影响到邻近地区，优化能源消费结构则能在一定程度上提升碳排放效率，减少碳排放[120]。江元、徐林（2023）认为在数字经济抑制碳排放的过程中，数字经济赋能能源生产转化效率提升可以对这种抑制作用起到中介作用[121]。蒋语聪等（2024）在分析碳排放多维影响因素中，其实证结果表明，能源结构是影响碳排放的最主要因素，因此能源结构减排潜力最好[122]。

三是政策相关因素，政策的制定可以对企业或者部门碳排放进行指导和约束。

张华、魏晓平（2014）提出，环境规制对碳排放不仅有直接效应，也可以通过能源消费结构、产业结构、技术创新等对碳排放产生间接效应，直接效应与间接效应的净效果决定了环境规制对碳排放的影响是绿色悖论效应还是倒逼减排效应，认为在中国当前的实际情况下，环境规制能有效遏制碳排放[123]。刘传明等（2019）实证分析了碳排放权交易政策的二氧化碳减排效应，其结论表明，实施碳排放权交易试点能有效降低二氧化碳排放，但是减排效果因地区的经济发展、产业结构等差异呈现异质性[124]。胡珺等（2020）认为，排放权交易机制是以市场激励为导向的一种环境规制的政策工具，能够促进企业的技术创新，进而约束企业的碳排放总量[125]。李少林、王齐齐（2023）分析了"大气十条"政策对碳排放强度的影响，通过促进绿色创新活动，强化治污新技术等科技研发能力，进而显著降低碳减排[126]。王彪华等（2023）研究了政策落实跟踪审计会降低对区域碳排放强度的影响，如果地区的绿色创新水平较差、环境规制强度较低，政策落实跟踪审计对降低区域碳排放强度的效应更显著[127]。齐志宏（2023）表示，税收政策可以助力能耗双控转向碳排放双控，对碳排放的征税政策可以在一定程度上激励企业进行技术创新、发展清洁能源，从而降低碳排放[128]。张振华等（2024）分析了建立绿色金融改革创新试验区政策对碳排放的影响，一方面，这项政策可以约束重污染企业融资以降低企业的碳排放；另一方面，可以推动绿色技术创新以及能源消费结构优化的实现，进一步实现碳减排效应[129]。

还有学者研究了其他影响碳排放的因素，比如人口[130]、城镇化[131]、产业结构[132]等。由此来看，学术界对于碳排放的影响因素方面的研究是广泛且多元的。而在"双碳"视角下，新质生产力对于平衡减排和经济发展也有一定的重要性。不少学者从不同角度研究了新质生产力对碳排放的影响机制。郝美彦（2024）提出，新质生产力本身具有绿色创新与绿色制度的内涵，作为一种新的先进生产力质态，可以通过促进绿色技术创新以及产业结构升级两种途径显著推动畜牧企业低碳转型[133]。周雪琼（2024）认为，新质生产力具备绿色可持续发展的内在特征，能够提升碳排放绩效，进而促进碳减排[134]。孙娜、曲卫华（2024）认为，企业作为发展新质生产力的实践主体，其良好的ESG表现能显著提升新质生产力，从而赋能新质生产力降低碳排放强度[135]。李娟、刘爱峰（2024）从提升碳排放效率的研究视角出发，提出数字新质生产力可以发挥要素升级效应、经济增长效应、节能降碳效应综合提升碳排放效率[136]。林伯强、滕瑜强（2024）指出，新质生产力通过技术创新、产业结构升级等方式提高能源利用效率，可以为实现减少碳排放起到关键作用[137]。王洪艳

（2024）认为，新质生产力不仅可以通过科技创新实现产业结构高度化发展，还可以通过人工智能、大数据等关键技术的突破应用实现产业结构合理化使生产要素得到最佳配置，进而通过产业结构高度化和产业结构合理化两条重要途径实现碳排放效率的提升[138]。何可、朱润（2024）提出新质生产力可以提升农业生产过程中的利用效率以及资源配置，促进农业生产方式向绿色低碳方向转型[139]。廖乐焕等（2024）实证表明了新质生产力可以通过技术创新与技术应用以促进生产方式的根本性变革，进一步取代高能耗的传统生产方式，使得资源利用效率大幅提升，进而直接有效降低了生产过程中的碳排放量[140]。董志良等（2024）表明新质生产力会显著降低碳排放量，且这种影响具有异质性[141]。因此，新质生产力本身就是绿色生产力，在新质生产力的作用下，可有效推进碳减排进程，加快经济绿色转型、实现高质量发展。

1.2.3　数字经济绿色效应

近年来，我国高度重视数字化以及绿色化的协同发展，这种协同发展理念贯穿国家的各个层面。这种协同发展被视为推动经济社会高质量发展的关键路径。《"十四五"国家信息化规划》明确指出，要"深入推进绿色智慧生态文明建设，推动数字化绿色化协同发展"，"以数字化引领绿色化，以绿色化带动数字化"[142]。在目前的数字经济时代，数字经济的应用和渗透产生了诸多绿色效应。

1.2.3.1　数字经济助推绿色发展

数字经济可以为绿色发展进行全方位的赋能，但是这种赋能作用仍存在诸多现实挑战（韩晶　等，2022）[143]。数字经济对绿色发展的促进作用具有时滞性和异质性（魏丽莉、侯宇琦，2022）[144]。数字经济总体上有助于提升城市绿色高质量发展水平，且这一效应在重点城市群中具有异质性影响，而数字经济提升城市绿色高质量发展中可能存在门槛效应（周磊、龚志民，2022）[145]。数字经济对本区域和邻近区域的绿色发展水平均具有显著的正向影响，并且数字经济通过促进技术创新和产业结构升级，间接推动绿色发展水平的提升（郭辰　等，2023）[146]；数字经济与绿色发展对彼此具有双向促进的效应（夏杰长、刘睿仪，2023）[147]；数字化转型不仅可以通过促进绿色创新，还可以通过高素质劳动力集聚和金融集聚等重要途径促进制造业的绿色发展（刘爽爽　等，2024）[148]。数字经济可以通过直接传导以及技术创新和产业结构优化等途径推动冷链物流绿色化发展（李义华、邓梦杰，

2024）[149]。

1.2.3.2 数字经济助推区域间经济包容性绿色增长

网络基础设施通过鼓励创业、改善就业质量等间接正向影响包容性绿色增长（张涛、李均超，2023）[150]。数字经济通过资源配置和技术创新效应，推动包容性绿色增长水平的提升（朱金鹤、庞婉玉，2023）[151]。数字基础设施建设是数字经济的内容之一，数字基础设施建设可以通过经济集聚效应对包容性绿色增长产生"先抑制后促增"的作用（李治国　等，2023）[152]。数字经济发展能够通过促进经济增长和改善区域协调发展进而显著促进城市包容性绿色增长（马玉林、马运鹏，2025）[153]。而数字经济的均衡发展能将地区间包容性绿色增长的差距显著缩小（王珏、秦文晋，2024）[154]。数字经济通过技术进步途径为经济绿色增长赋能，通过提高绿色经济增长，进一步提升碳排放效率（白雄　等，2024）[155]。

1.2.3.3 数字经济助推绿色技术创新

数字经济的发展会引起技术创新的范式变革，从而帮助企业克服对原有传统创新的路径依赖，增强企业创新能力，使其在新的创新范式下获得绿色技术创新的优势（王旭　等，2022）[156]。数字经济对绿色技术创新有"质"与"量"的提升（华淑名、李京泽，2023）[157]。企业作为发展的主体，其数字化转型有助于绿色技术创新，而绿色创新是引领企业绿色发展的第一动力（张泽南　等，2023）[158]。数字经济通过数字化转型、开放性合作和模式创新等路径驱动企业绿色技术创新（孙全胜，2023）[159]。数字技术与传统产业的融合，不仅降低了要素成本，更提升了资源配置效率，进而提高了绿色创新能力（白婷婷、綦勇，2025）[160]。企业绿色创新能力受到数字经济的正向积极作用，且这种影响具有异质性（李志军　等，2024）[161]。

1.2.3.4 数字经济发展有助于提升绿色全要素生产率

数字经济对绿色全要素生产率具有"结构性"的提升效应，产业数字化和数字产业化的发展是绿色全要素生产率长久提升的动力来源（周晓辉　等，2021）[162]；数字化转型可以提高企业的全要素生产率（赵宸宇　等，2021）[163]；数字金融发展通过促进创业活跃度和技术创新提升绿色全要素生产率（范欣、尹秋舒，2021）[164]；数字经济对中国工业绿色全要素生产率具有边际效应（程文先、钱学锋，2021）[165]；

数字经济的发展对提升绿色全要素生产率具有直接效应和溢出效应（乌静　等，2022）[166]；数字经济对提升本省份及其周边省份的绿色全要素生产率都起到了非常关键的作用（赵爽　等，2022）[167]；数字经济发展显著促进了绿色全要素生产率的提高，对中西部地区、生产率水平较低地区和产业结构较低地区的影响较大（朱喜安、马樱格，2022）[168]；产业数字化会显著促进绿色全要素生产率的提升，但这种影响随不同类型环境规制强度的变化而呈现出单一门槛特征（黄和平　等，2025）[169]。技术进步是影响绿色全要素生产率水平提升的主要因素，数字经济可以驱动技术进步，因此推动绿色全要素生产率高增长（杜娟　等，2025）[170]。数字贸易作为数字经济的重要组成部分之一，其对全要素生产率提升具有显著的促进作用，且这种影响具有地区异质性（王姗姗　等，2024）[171]。

1.2.3.5　数字经济可以提升绿色经济效率

数字经济不仅可以显著提升城市绿色经济效率，而且对邻近城市的绿色经济效率也产生了积极的空间溢出效应；数字经济对绿色经济效率的影响存在异质性特征（朱洁西、李俊江，2023）[172]。数字经济既能通过数字技术单独对绿色经济效率的提升起到促进作用，也可以通过与金融科技的协同发展共同促进绿色经济效率的提升（贺星星、阮俊杰，2024）[173]。数字金融通过技术创新和产业结构升级的中介效应能够显著提升绿色经济效率，这种提升效应具有异质性（倪琳　等，2024）[174]。数字经济通过促进产业结构高级化推动绿色技术创新，从而显著提升黄河流域绿色经济效率（曹梦渊、李豫新，2024）[175]。

1.2.4　数字经济碳减排效应

数字经济发展为碳减排带来了一定的契机，学术界目前对数字经济助推碳减排的研究主要有三种观点。

一是数字经济发展可以促进碳减排。数字经济通过改善能源结构和有偏技术进步显著降低区域碳排放强度（谢云飞，2022；王维国　等，2023；杨刚强　等，2023）[176-178]，通过促进融资贷款、产业集聚和外商直接投资（姜汝川、景辛辛，2023）[179]，产业结构升级的中介作用（谢文倩　等，2022；张传兵、居来提·色依提，2023；霍晓谦、张爱国，2022；向宇　等，2023；邓若冰、吴福象，2024）[180-184]，降低能耗强度、驱动能源结构清洁化调整，提高能源环境效率（范合君　等，2023；陈春、肖博文，2023；刘定平、施雨，2024）[185-187]，提升城市生产效率和技术创新水平抑制碳排放（孔令英　等，2022；田虹、秦喜亮，2024）[188-189]。数字经济的发展显著改善了城市碳排放，在空间效应上城市群内部的城市碳排放受数字经济影响更大（徐维祥　等，2022）[190]。行业生产效率的中间机制，产业的数字化转型可以提高行业生产效率，进而促进碳减排（杨玲，2024）[191]。

二是数字经济与碳排放效应之间存在非线性关系。数字经济对碳排放的影响呈现倒"U"形关系，但是城市间没有明显的空间溢出效应（缪陆军　等，2022）[192]。基于环境库兹涅茨曲线理论，通过非线性关系检验发现数字经济对区域碳排放的影响整体上在曲线的顶点，表明中国的数字经济发展水平进入低碳减排阶段（杨昕、赵守国，2022）[193]。数字经济与物流业碳排放也存在倒"U"形关系，且处于曲线的前半部分，在中西部和欠发达地区，拐点值较低，因此数字经济的溢出效应更明显，使中西部和欠发达地区承接东部与发达地区的产业与技术转移，实现数字经济绿色转型红利，减少碳排放（杨俊、钟文，2023）[194]，数字经济与人均碳排放量之间是一种先上升后下降的倒"U"形关系，且数字经济水平处于拐点左侧，可以通过技术创新与能源结构提升数字经济的碳减排效应，使曲线拐点右移且趋于平缓（李肆　等，2024）[195]。

三是数字经济对碳排放的异质性研究（张争妍、李豫新，2022）[196]。数字经济对碳排放的影响在不同区域、城市群及非城市群地区具有异质性（Li et al，2021）[197]。数字化对中部地区的影响比东部地区更为显著，由此使得中部地区在实现碳达峰以及碳中和过程中有较为突出的后发优势（李朋林、候梦莹，2023）[198]。数字经济对于碳减排的影响还受到自然资源的影响而呈现出异质性，数字经济水平对于非资源型城市的碳排放强度影响比较显著，对非资源型城市的碳排放强度则不显著（向宇　等，2023）[183]。数字经济水平的发展对碳排放的影响还具有政策异质性，在"碳排放权交易试点"地区，数字经济水平对碳减排的影响更显著（左晓慧、钱鹏程，2024）[199]。数字经济对于区域碳减排具有显著的空间效应，数字经济水平的提升可以显著提高周边区域碳减排成效（余渭恒，2024）[200]。

除直接对数字经济和碳排放的实证研究外，部分学者聚焦于数字经济新业态下的数字技术或数字产业对降低碳排放影响的分析，部分学者认为，增加信息通信技术基础设施投资对减少碳排放也有显著作用（Padmaja et al，2021）[201]；信息与通信技术发展可以通过技术创新、金融发展、产业结构升级等渠道降低碳排放（Haseeb et al，2019；Li et al，2021；丁玉龙、秦尊文，2021）[202-204]；新型数字基础设施有助于提升地区技术创新水平，进而抑制碳排放（Yang et al，2022；赵星，

2022；尹龙 等，2024；汪亚美、余兴厚，2025）[205-208]；互联网技术进步对于减少环境污染具有显著的空间溢出效应（解春艳 等，2017）[209]；大数据技术可以通过资源整合、科学决策、环境监管等途径促进中国绿色发展（许宪春 等，2019）[210]。也有部分学者持相反观点，认为大规模建设互联网基础设施、提升互联网渗透率将增加区域电力等能源消耗，促进碳排放，反弹效应的存在使信息通信技术建设的巨大基础设施需求导致其隐含的碳排放远远超过其直接碳排放（Avom et al，2020）[211]；AI 技术的迅速发展为企业碳减排提供了更好的技术条件，AI 技术不仅可以实时跟踪碳足迹以达到准确监测碳排放的目的，还可以根据企业当前对于碳减排的任务和需求，实时预测企业碳排放（简冠群、鲁皖，2024）[212]，人工智能技术可以通过助力低碳技术创新、改进能源效率、提升全要素生产率等途径间接促进碳减排效应（薛飞 等，2022；孙振清、杨锐，2024；许潇丹、惠宁，2024）[213-215]。在工业化中期，互联网的发展促进了资源配置效率以及技术进步，对碳生产率提升产生了积极的正向推动作用（朱欢 等，2023）[216]。在互联网与农业的融合发展下，农业生产发生了深刻变革，互联网的使用可以帮助农业优化生产要素配置，市场参与农业绿色生产技术的变革与使用进而显著提升农业碳排放效率（沈玉洁 等，2024）[217]。大数据发展对降低碳排放是有利的，大数据发展可以通过提高清洁电力占比以及促进绿色创新的途径降低碳排放（孙光林 等，2023）[218]。大数据综合试验区是我国数字经济发展的重要体现，尽管大数据技术带来的发展和引致的产业集聚会在一定程度上导致城市碳排放的增多，但其带来的技术创新所引来的效率提升也释放了各领域的碳减排潜力，因此，大数据试验区建设可以通过加快技术进步、推动消费业态和模式的创新、促进产业数字化转型等重要手段降低城市碳排放水平（张自然、何竞，2024）[219]。

1.2.5　文献述评

国际与国内社会对气候变化的关注度不断提升，碳排放是各国需要共同面临的重要课题。数字经济的到来，为各行各业的发展带来了深刻影响。作为当前社会发展的新经济形态，数字经济赋能碳减排有何效应也受到了学术界的关注。国内外学者对数字经济内涵、发展水平测定、数字经济的赋能作用、碳排放概念内涵与碳排放量核算、碳排放影响因素、数字经济的绿色效应与碳减排效应等方面进行了多视角、多维度的研究，研究成果丰硕。数字经济与碳减排相关研究为本书研究数字经济的碳减排效应提供了一定的理论和方法基础，但还可以做进一步的扩展研究。

1.2.5.1　数字经济发展水平测度

通过梳理有关数字经济发展水平测度的相关研究，可以发现当前对数字经济发展水平的测度思路主要分为两种：一是采用国民经济核算方法测度数字经济总产出或增加值。二是采用多维综合指标合成方法编制数字经济发展指数。根据研究目的的不同，构建的指标评价体系亦不同，但评价标准和数据来源不同可能会影响数字经济测度结果的可信度，关于数字经济发展水平的测度方法并未形成统一。因此关于数字经济发展水平的测度可以在基于数字经济内涵的基础上进行扩展研究，本书在《数字经济及其核心产业统计分类（2021）》将数字经济划分为产业数字化和数字产业化两个维度的基础上，增加数字经济基础设施建设和数字创新能力两个维度，从四个层面构建了数字经济发展水平的多维综合评价指标体系。

1.2.5.2　区域性差异在数字经济和碳排放时空演变中的特征

区域性在相关研究框架和体系中具有重要意义，在不同区域层面下，数字经济发展与碳排放表现出不同的异质性特点。在已有关于数字经济与碳排放研究中，多数学者关注了区域间因地理位置、经济发展水平、资源、政策等不同而导致的异质性，但并未具体区分"后进省区"与"前进省区"在数字经济的碳减排效应中的异质性表现。因此，本书首先识别了碳减排的"后进省区"（即碳排放强度在2030年前低于绝对目标且未在规定时间完成碳减排目标的省（自治区、直辖市），在此基础上，不仅分析了"全域性"的空间异质性，还特别分析了"后进省区"和"前进省区"的空间异质性，并且分析了"全域性""后进省区""前进省区"数字经济发展水平的演进态势，极大地丰富了多区域视角下数字经济与碳排放时空演变理论的内容。

1.2.5.3　数字经济对碳排放影响的空间效应

结合已有文献来看，数字经济影响碳排放的机制研究仍在发展阶段，众多研究关注了数字经济发展所带来的产业结构升级、绿色技术创新、能源使用效率等因素对碳排放的影响，但是对其空间影响效应的关注较少，缺乏分析数字经济对碳排放的静态、动态和空间溢出的影响和效应，对后续数字经济对碳排放效应的影响和作用路径提供指导时可能存在一定的偏差。基于此，本书从空间视角探究了数字经济赋能碳减排的影响效应和作用路径，同时对"后进省区"与"前进省区"数字经济赋能碳减排的静动态效应进行分解和分析，丰富了数字经济发展影响碳减排的实证分析内容。

1.2.5.4　从中观层面分析"后进省区"实现碳减排目标的优化路径

在已有研究中，多数学者对数字经济赋能碳减排也进行了实证分析，但几乎是基于宏观层面分析了数字经济赋能碳减排的作用路径，给出了提升数字经济赋能碳排放效应提升的建议，本书则是从中观层面，基于SBM对偶模型，测算"后进省区"碳排放影子价格完成碳减排成本的测算，进一步地，针对不同时间节点设置差异化的数量约束目标，科学调整"后进省区"的碳减排进度，并基于数字经济驱动碳减排效应的理论机理、空间效应和作用路径，为"后进省区"约束目标的实现提供路径优化。

1.3　研究内容

第1章为绪论。主要介绍了本书的研究背景和意义，对数字经济内涵、数字经济发展水平测度方法、数字经济赋能作用、碳排放内涵和碳排放量核算方法、碳排放影响因素以及新质生产力对碳排放的影响理论、数字经济的绿色效应、数字经济碳减排效应等相关研究分别做了梳理总结，并对本书所涉及的研究方法进行了介绍，给出了本书的创新点。

第2章为理论基础与影响机制。主要介绍了数字经济与碳排放的相关概念以及数字经济赋能碳减排的理论基础和理论机制，其中理论基础包括可持续发展理论、低碳经济理论以及经济发展理论；并通过基础设施升级改造效应、产业结构调整优化效应、绿色技术创新水平提升效应、资源配置调整优化效应四个方面阐述数字经济碳减排效应的理论机理，为后续研究提供了理论支撑。

第3章为碳减排水平测度与"后进省区"识别。本章主要采用IPCC在《2006国家温室气体清单指南》中提出的测算方法，选取煤炭、焦炭、原油、汽油、煤油、柴油、燃料油和天然气八种主要化石能源的消费总量与所对应的碳排放系数，估算了碳排放总量，基于碳排放总量与经济产出总量的原始数值，计算出了我国2005年的碳排放强度值、2021年30个省（自治区、直辖市）（西藏和港澳台地区除外）的碳排放强度以及结合我国政府所承诺的2030年碳排放强度较2005年下降60%的最低减排目标，计算出了我国2030年所应达到的最低碳排放强度值。依据计算得到的碳排放强度值，分析了碳排放强度空间关联特征，识别了碳减排"后进省区"，并对"后进省区"2030年减排目标实现情况进行评估。

第4章为数字经济发展水平多维测度与特征分析。依据科学、全面、客观、可操作性原则，在2021年国家统计局发布《数字经济及其核心产业统计分类（2021）》中将数字经济划分为产业数字化和数字产业化两个维度的基础上，增加数字经济基础设施建设和数字创新能力两个维度，从四个层面构建了数字经济发展水平测度指标体系，并采用熵值法对数字经济发展水平进行测度。在第3章识别"后进省区"的基础上，对数字经济发展水平的"全域性""前进省区""后进省区"的空间异质性、区域差异性和演进态势进行分析。

第5章为数字经济赋能碳减排的静动态空间效应分解。在分析空间相关性检验的基础上，构建以碳排放强度为被解释变量、数字经济发展水平为核心解释变量、以能源消费结构、人力资本、环境规制、绿色技术创新和人口密度为控制变量的空间计量模型，通过对空间计量模型进行选择与检验，选取时间固定效应的空间杜宾模型对数字经济碳减排效应进行实证分析。并对"前进省区"和"后进省区"的静动态空间异质性进行分析，分解其静动态空间效应并进行分析。

第6章为数字经济赋能碳减排的作用路径解析。基于数字经济碳减排理论机理，构建以绿色技术创新、能源消费结构和产业机构为中介变量的中介效应模型，分析了"全域范围""前进省区""后进省区"的绿色技术创新效应、能源消费结构效应、产业结构效应在数字经济减碳效应中的作用强度。

第7章为"双碳"目标下"后进省区"碳减排目标重构与减排提升路径分析。基于SBM对偶模型，对"后进省区"的碳排放影子价格进行测算，利用计算得到的碳排放强度和影子价格，针对不同时间节点设置差异化的数量约束目标，科学调整"后进省区"的碳减排进度，并基于数字经济驱动碳减排效应的理论机理、空间效应和作用路径，为"后进省区"约束目标的实现提供路径优化。

第8章为结论与建议。基于研究内容和研究结论，从加强数字经济建设、助力"双碳"目标的实现，调整和优化能源消费结构，不断优化和完善产业结构升级，构建区域间网络空间和协同发展战略、加强地区间交流和合作，加强数字化复合型人才队伍建设和融合、助力碳减排目标，加强数字经济与企业低碳转型深度融合、推动企业低碳发展，保证要素市场自由流动、推动要素市场化配置，推动绿色技术创新发展等方面提出提升碳减排水平的对策建议，助力"双碳"目标早日实现。

1.4 研究方法

1.4.1 文献分析法

本书首先对数字经济与碳减排的国内外文献进行了阅读梳理，主要对数字经济内涵、测度和赋能作用，碳排放的测度和影响因素，以及数字经济的绿色效应和碳排放效应等内容进行了总结。基于已有的相关研究，对现有研究进行补充和扩展。

1.4.2 扎根理论分析法

扎根理论分析法强调以经验资料为基础，通过系统性收集、整理和分析这些资料，逐步归纳提炼出理论概念和框架[220]。其核心是从实际现象中构建扎根理论，使理论能够真实地反映和解释所研究的社会现象。目前有关数字经济发展水平指标体系的构建，大体上是围绕数字经济内涵和范围进行的。这种指标体系的构建方法不仅充分考虑数据的可得性，还对实际的测度有一定的指导意义。本书以数字经济内涵为导向，依据所研究问题，运用扎根理论分析方法，构建数字经济发展水平评价指标体系，在一定程度上避免了主观性，使所构建的评价指标体系更科学、全面、客观和更具可操作性。

1.4.3 修正的引力模型

修正的引力模型是对经典引力模型的改进，旨在更准确地反映城市间或区域间的相互作用。修正后的引力模型对引力系数、城市质量指标和距离进行了优化：引入可达性系数，考虑交通时间成本等因素；综合多个维度衡量城市质量，如人口、经济、社会、绿色发展等；优化距离测算，采用交通时间距离或最短路径距离等。这些改进使模型能够更全面地反映城市间的实际联系。修正的引力模型广泛应用于城市经济联系分析、区域创新空间联系研究等领域，为城市空间结构优化和区域发展战略提供更可靠的依据。本书利用修正的引力模型计算30个样本省（自治区、直辖市）之间碳排放强度的引力大小，构建出省域碳排放强度的引力矩阵，然后以30个样本省（自治区、直辖市）作为网络节点，省域碳排放强度关联矩阵中的系数作为边，构建省域碳排放强度空间关联网络。

1.4.4 社会网络分析法

社会网络分析法是一种研究社会结构和社会关系的分析方法，它通过构建和分析社会网络图来揭示个体、群体或组织之间的关系模式和结构特征。社会网络分析法关注网络的结构属性，如网络密度、中心性、小团体等，这些属性可以反映网络的紧密程度、关键节点的影响力以及子群体的存在。社会网络分析法广泛应用于社会学、管理学、传播学等领域，用于研究社交网络、组织内部关系、知识传播等现象，帮助理解复杂的社会关系和行为模式，为政策制定、组织管理和社会研究提供有力支持。本书利用社会网络分析法分析了省域碳排放强度空间关联网络。从整体网络、个体网络、块模块分析三个维度分析30个样本省（自治区、直辖市）之间的碳排放强度空间关联网络特征。

1.4.5 马尔可夫链

马尔可夫链是一种具有"无记忆性"的随机过程模型，其核心特点是系统的未来状态仅依赖于当前状态，而与之前的历史状态无关，这种特性被称为马尔可夫性。马尔可夫链由一组离散的状态组成，并通过状态转移概率矩阵来描述从一个状态到另一个状态的转移概率。此外，马尔可夫链还具有稳态分析、可逆性等重要性质。在实际应用中，马尔可夫链被广泛用于建模和分析各种动态系统，如天气变化、股票市场波动、随机游走、经济模型等。本书通过构建传统马尔可夫链和空间马尔可夫链状态转移矩阵对省域碳排放强度在不同状态之下进行预测和分析，探索我国碳排放强度的动态演进趋势和时空变化规律。

1.4.6 面板熵值法

熵值法是根据各项指标观测值所提供的信息大小来确定指标权重的客观赋权法。相比专家咨询法和AHP等主观赋权法，熵值法更为客观，避免了较强的主观性对结果可信度和精确度的影响。由于传统熵值法只能针对截面数据进行综合评价，而本书的研究样本为面板数据，所以在传统熵值法基础上采用面板熵值法测度省域数字经济发展水平。面板熵值法是在传统熵值法的基础上，针对面板数据特点所设计的一种客观赋权方法。面板数据同时包含了多个个体在多个时间点上的观测值，相较于单纯的横截面数据或时间序列数据，能提供更丰富的信息，反映个体间以及随时间的变化情况。面板熵值法通过对面板数据中各指标的信息熵进行计算，来确定不同指标在综合评价中的权重。

1.4.7　Dagum 基尼系数及其分解法

Dagum基尼系数法是一种用于测量收入不平等的方法，这种方法在分析跨区域或跨组别的收入不平等问题时非常有效，特别是当各组之间存在显著的经济差异时。Dagum基尼系数法考虑了组内差异和组间差异，这使得它能够提供比传统基尼系数更细致的不平等度量。Dagum基尼系数法将总体差异分解为组内差异、组间差异和超变密度三部分，这种分解方式使我们能够更清晰地识别和剖析导致不平等现象的深层次因素。组内差异揭示了同一组别内部个体间的收入差距，组间差异则反映了不同组别之间的平均收入差异，而超变密度则关注组别间的交叉影响和相互作用。本书运用Dagum基尼系数及其分解方法测算了我国数字经济发展水平的区域差异和来源，揭示了我国各地区在数字经济发展上的不平等现状，并深入剖析了这种差异背后的原因，为制定针对性的政策提供了有力的数据支持和理论依据。

1.4.8　Kernel 密度估计法

Kernel密度估计法是一种非参数统计方法，无须预先假定数据分布形式，通过在每个数据点放置核函数并叠加来估计数据的概率密度函数。同时，本书选择高斯核密度函数，其具有良好的平滑性，可避免估计结果受局部噪声的影响，还能通过调整带宽参数平衡估计的偏差和方差。该方法能直观刻画数据的分布动态及演进规律，在不依赖先验分布假设的情况下，有效揭示数字经济发展水平数据的内在特征和变化趋势。本书使用Kernel密度估计法对我国30个样本省（自治区、直辖市）以及"前进省区""后进省区"数字经济发展水平绘制核密度图，分析其演进态势，如中心趋势、离散程度变化等，直观展示不同地区数字经济发展水平的分布变化、发展差异以及不同省份在数字经济发展过程中的地位和趋势。

1.4.9 空间计量模型

空间计量经济学是以空间经济理论和地理空间数据为基础，运用数学、统计学和计算机技术，通过构建空间计量模型对研究空间经济活动和经济关系数量规律的一门经济学学科。空间计量经济学是对一系列含有经济变量空间效应的计量经济模型进行设定、估计、检验及预测的研究技术总称。空间计量分析把空间效应分为空间依赖性和空间异质性。本书构建时间固定效应的空间杜宾模型对数字经济碳减排效应进行研究。依据空间杜宾模型回归结果，对数字经济赋能碳减排效应的静态空间效应进行分析，以及对"后进省区"与"前进省区"数字经济赋能碳减排动态效应进行分解与分析。

1.4.10 中介效应模型

中介效应是考虑解释变量 X 对被解释变量 Y 的作用关系，解释变量 X 不仅通过自身影响被解释变量 Y，还通过影响 M 来影响被解释变量 Y，那么就称 M 为中介变量，该反应为中介效应。本书选取绿色创新技术、能源消费结构和产业结构三个变量作为中介变量，构建数字经济赋能碳减排的中介效应模型，分别对"全域范围""前进省区""后进省区"中绿色创新技术、能源消费结构和产业结构的中介效应检验进行了实证分析。

1.4.11 SBM 对偶模型

SBM 模型是在 DEA 模型中加入松弛变量得到的，能有效解决投入与产出的松弛性问题，可以避免效率值被高估。根据线性规划原理，对 SBM 模型求解即可得到 SBM 对偶模型。SBM 对偶模型是一种利润最大化模型，能够用来求解研究对象的影子价格。本书通过构建并求解 SBM 对偶模型，测算"后进省区"碳排放影子价格，进而测度"后进省区"碳减排成本，利用计算得到的碳排放强度和影子价格，针对不同时间节点设置差异化的数量约束目标，科学调整"后进省区"的碳减排进度，并基于数字经济驱动碳减排效应的理论机理、空间效应和作用路径，为"后进省区"约束目标的实现提供路径优化。

1.5 研究创新点

研究视角新。本书以数字经济的碳减排效应为研究对象，具有时代性、战略性和前瞻性。《中国数字经济白皮书（2024年）》显示，2023年中国数字经济规模达53.9万亿元，占国内生产总值的42.8%，数字经济已成为国民经济增长的核心增长极之一。习近平总书记多次强调"要做大做强数字经济"，建设"数字中国"，数字经济高速发展受到学术界及实务界的持续关注，其中，数字经济的环境改善效应是学术界聚焦的重点之一，因此研究数字经济的碳减排效应是分析数字经济环境改善效应的重要内容。

研究方法新。充分考虑数字经济碳减排效应的空间相关性，采用动、静结合的空间计量模型分析数字经济赋能碳减排的长期和短期直接效应、长期和短期空间溢出效应；借助影子价格模型科学重构"后进省区"的碳减排目标并优化其实践路径。

研究内容新。在理论层面，从基础设施升级改造效应、产业结构调整优化效应、绿色技术创新水平提升效应及资源配置调整优化效应分析数字经济碳减排效应的理论机理。在实证层面，充分考虑数字经济碳减排效应的区域差异性，研究不同类型碳减排省区数字经济碳减排效应、减排的作用路径和作用强度，并依据减排效应和减排现状，重构"后进省区"碳减排目标，并进一步优化实现减排目标的路径。

1.6 本章小结

本书首先从当前全球气候变化、数字经济发展以及当前社会对碳减排的共识和努力，阐述了数字经济赋能碳减排的研究背景，以及数字经济赋能碳减排效应的理论与现实研究意义；对有关数字经济定义与内涵的相关文献进行了整理，并总结了目前学术界关于数字经济发展水平的测度方法；对数字经济赋能作用的相关研究进行整理，梳理出了数字经济赋能碳减排的可能路径；对碳排放量的测算方法和影响因素进行了总结；分析了数字经济的绿色效应和碳减排效应的相关研究。其次对本书涉及的研究方法进行了简单的介绍说明，包括文献分析法、扎根理论分析法、修正的引力模型、社会网络分析法、马尔可夫链、面板熵值法、Dagum 基尼系数及其分解法、Kernel 密度估计法、空间计量模型、中介效应模型、SBM 对偶模型等方法。最后给出了本书的研究创新点。

2 理论基础与影响机制

2.1 相关概念

2.1.1 碳排放

碳元素是构成生物大分子的基本元素，也是生命的核心元素。在环境领域，碳元素在地球的大气圈、水圈、岩石圈和生物圈之间不断循环，形成了碳循环，而碳循环对于维持地球的生态平衡和气候稳定至关重要。《京都议定书》中给出了温室气体中主要的六种气体，二氧化碳、甲烷、氧化亚氮、氢氟碳化物、全氟化碳、六氟化硫，这些温室气体的产生是导致全球变暖的主要原因，其中二氧化碳中碳占比最高。由于二氧化碳是化学惰性气体，无法采用化学作用将其消除，因此缓解气候变暖较为可行的方案就是控制二氧化碳排放量[221]。

碳排放是指在人类活动过程中，向大气中释放二氧化碳及其他温室气体的过程。这些温室气体主要来源于工业生产、农业活动、土地利用变化、废弃物处理等多个方面。从本质上讲，碳排放是指将原本储存在各种物质中的碳元素通过物理、化学或生物过程，以气体形式释放到大气中。依据碳源可将碳排放分为可再生碳排放和不可再生碳排放，可再生碳排放是针对可再生能源的碳排放，这种排放并非完全无排放，而是指在开发利用过程中总体上碳排放较低，如太阳能、风能、生物质能等；不可再生排放是针对不可再生能源的碳排放，如煤炭、石油、天然气等化石能源在开采、加工、运输和燃烧利用等环节所产生的碳排放。不可再生能源所产生的温室效应比可再生能源的更大，是学者们研究碳排放的重点。

碳排放强度是指单位经济产出所消耗的碳排放量。其中经济产出一般运用GDP来表示，而碳排放量则要进行测算，测算的方法主要有三种。碳排放主要来源于化石燃料的燃烧，因此，可借助化石能源的消耗量间接测算碳排放总量。本书参考IPCC《2006国家温室气体清单指南》中提出的碳排放量测算方法，利用包含煤炭、焦炭、原油、汽油、煤油、柴油、燃料油和天然气在内的八类主要化石能源的消耗量乘以其碳排放系数，估算碳排放总量。

碳排放水平，用以衡量一个国家、地区、行业或企业等在碳排放方面所处状态和程度。用以衡量碳排放水平的指标有碳排放总量、人均碳排放量、碳排放强度、碳生产率等。其中，碳排放总量是指一个国家、地区、行业或企业在一定时期内的排放量总和，它能够直观反映整体的碳排放规模，对制定减排目标、评估对全球气候影响等有重要作用。人均碳排放量等于碳排放总量与人口总量的比值，以个体为单位来衡量碳排放量，可以从消费角度反映不同个体或群体的平均碳排放状况，因此可以用于国际或地区间的比较，以评估各国或地区在公平原则下的碳排放责任。碳生产率是指一段时期内的GDP与同期碳排放量的比例，能够反映单位二氧化碳排放所产生的经济效益[222]。从计算公式来看，碳生产率与碳排放强度互为倒数，碳生产率可以用来评价低碳发展水平，碳生产率越高，表明能源的使用率越高，因此碳排放量越少。

2.1.2　数字经济

数字经济的提出，可以追溯到20世纪90年代，随着科学与信息技术的高速发展，数字经济也在不断发展。学术界对数字经济内涵的研究由来已久，但始终未能形成一致的定义。通过对已有文献的梳理，结合本书的研究特点，给出数字经济的定义：数字经济是以数字经济基础设施为支撑，以数据和数字技术为核心生产要素，以产业数字化和数字产业化双轮驱动，并以数字创新能力为持续发展动力的一系列经济活动。在这个定义中，数字经济基础设施建设作为数字经济发展的基础，是人们生产生活的必备要素，同时为产业格局、经济发展、社会生态发展提供了坚实的保障；产业数字化是以新一代数字技术为支撑，以数据赋能为主线，以数据为关键要素，对产业链上下游全要素进行数字化转型升级和价值再造；数字产业化是数字经济的核心产业，是为产业数字化发展提供数字技术、产品、服务、基础设施和解决方案，以及完全依赖于数字技术、数据要素的各类经济活动，数字产业化是数字经济发展的根基和动力源泉；创新是发展的第一动力，科技创新能力决定着数字经济发展的高度，因此是度量数字经济的重要指标之一。

2.2 理论基础

2.2.1 可持续发展理论

自20世纪以来，随着全球工业化和城市化进程加速，大量资源的开发利用以及工业生产推动经济高速发展的同时也为世界带来了严重的环境问题。1987年，世界环境与发展委员会在《我们共同的未来》报告中，正式提出了可持续发展的概念和模式，报告指出可持续发展是"既满足当代人的需求，又不损害后代人满足其需求的能力的发展"。可持续发展理论强调经济、社会和环境三个维度的协调统一，人类社会的发展应当是在不破坏生态环境的前提下，实现经济的持续增长与长期、稳定的发展。

专家学者研究的角度不同，对可持续发展的阐释不同。生态学者注重可持续中的自然属性，1991年国际生态学联合会（INTECOL）和国际生物科学联合会（IUBS）针对可持续发展问题举办了专题研讨会，会议给出了可持续理论的定义，可持续发展是"保护和加强环境系统的生产和更新能力"的发展，即认为环境系统是可持续发展的基石，强调发展不应当超越环境系统的更新能力。世界自然保护联盟（IUCN）、联合国环境规划署（UNEP）和世界野生生物基金会（WWF）于同年发布了《保护地球：可持续生存战略》，其关于可持续发展的核心结论中指出，在生态系统涵容能力下，提高人类的生活质量，这表明了可持续发展理论的社会属性。经济学家则研究了可持续发展理论的经济属性。Edivard B.Barbier指出可持续发展是"在保持自然资源的质量及其所提供服务的前提下，使经济发展的利益最大化"，这表明可持续发展的内涵是不以牺牲资源和环境为代价而实现经济增长的。可持续发展的核心原则是公平性原则（包括代内公平、代际公平）、持续性原则（生态持续、经济持续、社会持续）、共同性原则，其主要内容包括经济可持续发展、社会可持续发展、环境可持续发展等，可持续发展理论不仅强调了经济的高质量发展，还强调了人与自然之间的和谐发展。

碳排放的提出是为应对全球气候变暖的重要举措，因此碳排放的相关研究应当以可持续发展理论为基础，实现低碳的绿色经济增长。

2.2.2 低碳经济理论

低碳经济的概念最早出现在21世纪初，英国所发布的《我们未来的能源：创建低碳经济》能源白皮书中，报告首次提出应当开发和利用低碳能源，让低碳经济发展模式成为后工业时代最主要的可持续发展方式，但此时并没有给出低碳经济的明确界定。2006年，《斯特恩报告》中给出了低碳经济的具体定义。"低碳经济"是一种新兴经济形态，包含低碳产业、低碳技术等内容。这一概念的提出引发了全球社会变革，对人类的生活生产方式、价值观念等造成了颠覆性的变化[223]。至此，学者开始对低碳经济的理论、内涵等展开研究。

目前大多数学者对低碳经济概念范畴的界定大体一致，大多数学者认为低碳经济是一种以低能耗、低污染、低排放为基础的经济模式，旨在通过技术创新、制度创新、产业转型、新能源开发等多种手段，尽可能地减少煤炭、石油等高碳能源消耗，减少温室气体排放，达到经济社会发展与生态环境保护双赢的一种经济发展形态。部分学者对低碳经济的发展模式进行了研究，指出低碳经济的基础是"三低三高"，即低能耗、低污染、低排放和高效能、高效率、高效益，发展方向是低碳经济，发展方式是节能减排，发展方法是碳中和技术，总体来说，低碳经济发展模式是一种绿色经济发展模式[224]。低碳经济有三个主要特征。第一，低碳经济具有先进性，这表明不同于传统经济的高排放、高能耗、高污染，低碳经济强调更高的碳生产率，低碳经济的经济模式与可持续发展的内在要求相一致，因此与传统经济相比，低碳经济更具先进性；第二，低碳经济具有创新性，低碳经济提出对碳的排放量进行测算，并提出用碳排放评价指标衡量经济发展质量，实现低碳化发展要求一定的技术创新，技术创新则会带动行业内的创新潮流；第三，低碳经济具有阶段性，这是因为低碳经济是一种经济形态，其发展周期具有阶段性，在完成现阶段的发展目标后，将有可能产生出更高的经济发展目标[225]。

低碳经济的发展有助于解决能源与环境之间的矛盾，低碳经济是实现可持续发展的必然选择和必由之路。如何实现低碳发展是各国关注的问题，基于不同的经济发展水平、资源条件等，实现低碳经济发展的路径不同。因此，实现低碳经济发展，应当立足国情，慎重选择合适的发展路径，实现低碳经济发展与可持续发展的融合协调发展。

2.2.3 经济发展理论

经济发展理论是经济学的重要分支，用以指导国家或地区经济进步的过程和机制。经济发展是社会经济活动从低级到高级演进的过程，经济发展水平则是社会经济活动在一定时点上的状态。经济发展的内涵是国家或地区通过生产力、生产关系、经济理念发展的路径，以实现社会全面发展。经济发展理论的起源可以追溯到18世纪的古典经济学派，在《国富论》一文中，亚当·斯密提出了劳动分工和"看不见的手"的概念，后随新古典经济学派兴起、结构主义学派等的发展，经济发展理论体系逐渐完善。

与经济发展密切相关的理论是经济增长理论。西方学者对经济增长模型的研究较为全面，研究视角较为多元和全面，古典经济增长理论阐释了经济增长与劳动分工、技术进步和资本积累之间的内在联系；新古典经济增长理论则将资本、劳动、技术、土地等生产要素都引入了经济增长模型，认为技术进步是经济增长的决定要素；新经济增长理论提出，知识积累不仅是驱动经济增长的关键因素，同时也是经济增长进程中衍生的必然结果[226]。新经济增长理论本身也在不断演化发展，典型的是内生增长理论。内生增长理论的核心模型是保罗·罗默的知识驱动模型，该模型认为经济增长的核心动力是知识的积累和创新，即强调了研发投入和创新激励对促进经济增长的重要作用。

数字经济是当前发展的新经济形态，数字经济的蓬勃发展以经济发展理论作为根基，具体来说，古典经济增长理论中强调的劳动分工，体现在数字经济中更为精细和复杂；新古典经济增长理论认为，技术进步是经济增长的关键因素，而数字经济时代，技术进步与创新是驱动经济发展的重要因素；内生增长理论所强调的知识和技术创新是经济增长的核心动力理论，在数字经济中，知识和技术创新能够提高生产效率和经济效益，催生新的数字产业和业态等，同样强调知识和技术创新对经济发展的驱动作用。

2.3 数字经济赋能碳减排理论机制

展开数字经济赋能碳减排理论机理分析是后续研究开展的关键，本研究通过基础设施升级改造效应、产业结构调整优化效应、绿色技术创新水平提升效应、资源配置调整优化效应四个方面阐述数字经济碳减排效应的理论机理，为后续研究提供理论支撑。

2.3.1 基础设施升级改造效应

数字经济的蓬勃发展离不开数字基础设施的支撑，而数字基础设施的升级改造又能进一步释放数字经济的潜力，为碳减排赋能。数字基础设施的升级改造是数字经济赋能碳减排的关键和重要推动力。通过构建绿色低碳的数字基础设施、推动传统基础设施数字化升级、促进数字技术与各行业深度融合、加强数据资源开发利用、加强环境监测和治理等途径，数字经济可以有效赋能碳减排，推动经济社会绿色低碳转型。在数字经济发挥环境改善效应的过程中，数字基础设施具有根本性的作用。一方面，通过不断建设和完善宽带网络、移动通信网络等数字基础设施，逐步实现了网络信号的有效覆盖。并且随着数字基础设施的升级，网络接入速度不断提高，减少了因网络速度差异而造成的数字接入差距。科技的发展使得数字设备的生产规模不断扩大，生产技术日益成熟，成本逐渐降低，缩小了因设备拥有率差异导致的数字鸿沟。数字鸿沟的不断缩小催生了以网络公众为主体的多中心治理范式，而网络公众为主体的非正式环境规制的形成，可以对社会经济系统和生态环境系统的关系进行优化，从而对环境治理格局进行重塑[227]。另一方面，数字经济被视为实现可持续发展目标的重要引擎，但其潜力的充分发挥离不开数字基础设施的支撑和联动。物联网感知终端、5G通信网络和城市大脑平台的深度融合，构建起覆盖城市全要素的智慧监测网络，为政府实施碳中和导向的政策创新提供多源异构数据的决策支撑[228]。此外，在工业领域，数字化驱动的智能制造可以对基础设施进行完善，从而促进绿色低碳，如智能制造车间的使用，可以基于数字数据融合驱动对碳排放进行预测，进而实现低碳控制[229]。

2.3.2 产业结构调整优化效应

数字经济的快速发展为产业结构调整优化提供了新的机遇和动力，也为碳减排提供了新的路径和手段。数字经济通过推动传统产业数字化转型、培育壮大绿色低碳产业、促进产业融合发展等途径，调整优化产业结构，赋能碳减排。数字经济驱动产业结构优化的核心机制在于技术渗透与产业融合。一是通过推动传统产业向高端化、智能化、绿色化转型，提升能源利用效率，促进新兴产业的发展。通过云计算、协同办公平台等技术，打破企业间信息壁垒，促进产业链上下游企业协同合作，优化资源配置，提高整体效率，降低碳排放。通过工业互联网、物联网、大数据等技术，实现生产过程的智能化、精细化管理，优化生产流程，提高能源利用效率，减少能源浪费。通过数字化技术改造传统高耗能、高污染产业，提高其生产效率和资源利用率，降低单位产品的能耗和碳排放。二是培育壮大绿色低碳产业，构建现代产业体系。利用数字技术推动节能环保技术研发和应用，发展节能环保装备制造、环境治理服务等产业，为碳减排提供技术支撑和产业保障。利用数字技术推动新能源技术研发和应用，发展太阳能、风能等可再生能源产业，优化能源结构，减少化石能源消耗。利用数字技术推动资源循环利用技术研发和应用，发展废旧资源回收利用、再制造等产业，提高资源利用效率，减少环境污染。三是促进产业融合发展，催生新业态、新模式。互联网及物联网依托其去中心化架构、协同创新机制与生态互联特性，在与传统生产要素资源融合的过程中，不断向产业内部渗透，进而推动产业升级[230]，对产业组织运行效率进行了提升[231]。数字经济催生了如共享经济、平台经济等新兴业态，推动产业结构向低碳化方向调整。共享经济模式通过提高资源的利用效率，减少了对新增资源的需求，从而间接降低了碳排放。现有学者利用多种方法对产业结构升级赋能碳排放进行了广泛研究，实证表明了产业结构升级能够发挥碳减排作用[232-233]，当产业结构逐渐合理化，并向高级化转化时，以化石能源为主的能源结构将会得到优化调整，使碳排放得以减少[234]。

2.3.3 绿色技术创新水平提升效应

数字经济以其强大的创新驱动能力，为绿色技术创新提供了新的机遇和动力，也为碳减排提供了新的解决方案和路径。数字经济时代，海量的环境数据、能源数据、生产数据等为绿色技术研发提供了丰富的数据资源。数字经济通过技术创新作用于碳减排的机理主要体现在两个方面：一是技术渗透路径。云计算、超级计算等数字技术为绿色技术研发提供了强大的算力支撑，利用大数据分析技术，可以更精准地识别环境问题、预测能源需求、优化生产工艺，从而加速绿色技术的研发和应用。数字技术与产业融合应用，使企业部门及生产设备之间形成联通，实现与企业生产活动全要素（包括污染物排放参数、能耗指标等）的实时动态监测，从而有效优化能源结构配置效率，显著提升能源利用效能，实现节能减排。二是协同创新路径。一方面，数字技术打破地域限制，促进创新主体之间的联结、创新协作及知识共享，共同攻克绿色技术难题，实现数字技术的碳减排赋能作用[235]，从而提升企业创新能力；另一方面，还可以利用人才集聚和科技金融供给对创新环境进行提升，从而加速数字化转型与创新[236]，通过技术创新实现碳减排。

2.3.4 资源配置调整优化效应

数字经济以其强大的连接、数据和算法能力，能够有效优化资源配置，提高资源利用效率，从而赋能碳减排。数字经济利用大数据、物联网等技术，实现对能源生产、传输、消费等环节的实时监测和数据分析。通过精准掌握能源供需情况，可将能源资源准确分配到最需要的地方，避免能源的过度生产和浪费。即数字经济平台可以汇聚海量的供需信息，打破传统资源配置中的信息不对称问题，为匹配供需双方提供了实现路径，进而通过改变交易以及流通活动，实现资源的高效匹配[237]。一方面，在生产环节中，企业生产者可以利用数字技术实现生产流程的优化，从而优化资源配置及能源使用结构[238]；另一方面，借助物联网、区块链等数字技术，企业可实时监控供应链各环节。通过精准掌握原材料供应、生产进度和产品销售信息，优化采购、生产与配送计划，降低库存水平，减少仓储与运输中的能源消耗，提高生产和管理效率以优化资源配置，从而提升资源利用效率，实现节能减排。另外，数字平台可促进不同产业间的协同创新与资源共享。在"互联网 + 物流"模式下，通过智能物流平台整合物流资源，实现货物的高效配载和运输路线优化，提高物流运输效率，减少空驶里程，降低交通运输业的碳排放。同时，这种协同合作还能推动产业间的循环经济发展，实现资源的梯级利用和废弃物的协同处理，减少资源浪费和碳排放。在当前市场经济的资源配置中，互联网是新兴工具，能够通过重新配置劳动力、资本等资源要素，使得产业结构向产业链高端发展，进而提高能源效率及资源配置效率，实现碳排放的减少。

3 碳减排水平测度与"后进省区"识别

3.1 测度方法简介

本书首先根据IPCC给出的碳排放系数法测度我国30个样本省份（西藏、港澳台地区除外）的碳减排水平，在此基础上分析30个样本省（自治区、直辖市）碳排放强度空间关联网络特征、碳排放强度的动态演进趋势和时空变化规律，并识别碳减排"后进省区"和"前进省区"，剖析其"后进"原因。

3.1.1 碳排放总量测度方法

本书依据IPCC《2006国家温室气体清单指南》中给出的碳排量测算方法，采用包含煤炭、焦炭、原油、汽油、煤油、柴油、燃料油和天然气八类化石能源消耗量乘以其碳排放系数，估算我国省域碳排放总量，计算公式如下：

$$CT_i = \sum_{j=1}^{n} CT_{ij} = \sum_{j=1}^{n} EI_{ij} \times r_j = \sum_{j=1}^{n} EI_{ij} \times f_j \times e_j \times c_j \times o_j \times 44/12 \qquad (3-1)$$

其中，i和j分别表示第i个省份和第j类化石能源，CT_i表示i省份的二氧化碳排放量，CT_{ij}表示i省份因消耗第j类化石能源所排放的二氧化碳量，EI_{ij}表示i省份的第j类化石能源消费量，r_j表示j类化石能源的碳排放系数，f_j表示j类化石能源的标准煤折算系数，e_j表示j类化石能源的平均低位发热量，c_j表示j类化石能源的单位热值含碳量，o_j表示j类化石能源的碳氧化率，44/12表示碳原子质量和二氧化碳分子质量间的转化系数。各类系数和转换率见表3-1。

表3-1 各类能源的二氧化碳排放系数值

能源	标准煤折算系数（千克标准煤/千克）	平均地位发热量（千焦/千克）	单位热值含碳量（吨碳/太焦）	碳氧化率（%）	二氧化碳转换率（%）	二氧化碳排放系数（千克/千克标准煤）
煤炭	0.714 3	20 908	26.4	0.94	3.666 7	1.902 5
焦炭	0.971 4	28 435	29.5	0.93	3.666 7	2.860 4
原油	1.428 6	41 816	20.1	0.98	3.666 7	3.020 2
汽油	1.471 4	43 070	18.9	0.98	3.666 7	2.925 1
煤油	1.471 4	43 070	19.5	0.98	3.666 7	3.017 9
柴油	1.457 1	42 652	20.2	0.98	3.666 7	3.095 9
燃料油	1.428 6	41 816	21.1	0.98	3.666 7	3.170 5

能源	标准煤折算系数（千克标准煤/千克）	平均地位发热量（千焦/千克）	单位热值含碳量（吨碳/太焦）	碳氧化率（%）	二氧化碳转换率（%）	二氧化碳排放系数（千克/千克标准煤）
天然气	1.330 0	38 931	15.3	0.99	3.666 7	2.162 2

注：天然气的折标准煤系数单位为千克标准煤/立方米，平均低位发热量单位为千焦/立方米，二氧化碳排放系数单位为千克标准煤/立方米。

3.1.2 碳排放强度测度方法

碳排放强度是指单位经济产出所消耗的碳排放量，其中经济产出一般运用GDP来表示，计算公式如下：

$$CI_i^t = CT_i^t / Y_i^t \qquad (3-2)$$

其中，CI_i^t 表示第 t 年 i 省份的碳排放强度，CT_i^t 表示第 t 年 i 省份的碳排放总量，Y_i^t 表示第 t 年 i 省份的经济产出。

3.1.3 碳减排成效评估方法

本书借鉴田云、陈池波（2019）的研究思路和方法[239]。首先，基于碳排放总量与经济产出总量的原始数值，计算出我国2005年的碳排放强度值，计算公式如下：

$$CI^{2005} = CT^{2005} / Y^{2005} \qquad (3-3)$$

其中，CI^{2005}、CT^{2005}、Y^{2005} 分别表示2005年碳排放强度、碳排放总量、经济产出总量。

其次，结合我国政府所承诺的2030年碳排放强度较2005年下降60%的最低减排目标，计算出我国2030年所应达到的最低碳排放强度值，计算公式如下：

$$CI^{2030} = (1-60\%) \times CI^{2005} \qquad (3-4)$$

式中，CI^{2030} 和 CI^{2005} 分别表示我国样本省份2030年和2005年的碳排放强度。

最后，分别计算出我国2021年30个省（自治区、直辖市）（西藏和港澳台地区除外）的碳排放强度，并将其与2030年的预期碳减排强度（即 CI^{2030}）进行对比，以此评估各个省（自治区、直辖市）碳减排成效，进而识别出碳减排的"后进省区"。

3.2 数据来源

本书以2005—2021年我国30个省（自治区、直辖市）（由于缺失西藏和港澳台地区相关数据，因此，西藏和港澳台地区不在研究范围内）为研究样本，以2005—2021年（本部分以2005年减排水平为标准测度各年份碳减排成效，因此，此部分样本数据包含2005年，后面空间效应分析、作用路径和目标重构等实证分析部分数据起始时间为2006年）我国省域碳排放量为研究内容，碳排放量数据均来源于历年《中国能源统计年鉴》；地区生产总值（即GDP总量）数据来源于历年《中国统计年鉴》，并且以2005年的价格为基期对历年数据进行修正。

3.3 碳排放水平测度

本书使用IPCC碳排放系数法分别测度了2005—2021年我国整体及30个样本省份二氧化碳排放总量，并在此基础上运用不变价GDP计算其碳排放强度，并根据测算数据绘制了研究区间内我国省域碳排放总量和碳排放强度变化折线图（图3-1）。从全国来看，我国碳排放总量总体呈现上升趋势，由2005年的650 672.265万吨上升到2021年的1 326 264.634万吨；而碳排放强度总体呈现下降趋势，由2005年的3 473.607千克/万元下降到2021年的1 977.613千克/万元，下降幅度为43.067%。

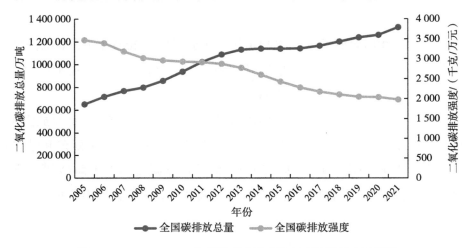

图3-1 2005—2021年我国碳排放总量和碳排放强度折线图

为了考察碳排放量、碳排放强度省域差异性，以2005年和2021年为代表绘制了2005年和2021年我国省域碳排放总量、碳排放强度柱状图，如图3-2和图3-3所示。与2005年相比，我国30个样本省份碳排放总量均呈不同程度的增加，其中，海南、宁夏、新疆、内蒙古和广西的增幅排在前五位，黑龙江、河南、吉林、上海和北京的增幅排在后五位；就碳排放强度而言，与2005年相比，除海南和宁夏碳排放强度处于增长态势外，其他28个省（自治区、直辖市）的碳排放强度均处于下降态势，其中，北京、湖南、河南、贵州和上海的降幅排在前五位，碳排放强度分别较2005年减少了68.50%、68.02%、67.49%、65.88%和65.21%，山西、青海、内蒙古、广西、新疆的降幅排在后五位，碳排放强度分别较2005年减少了33.51%、31.94%、21.49%、20.10%和3.50%。

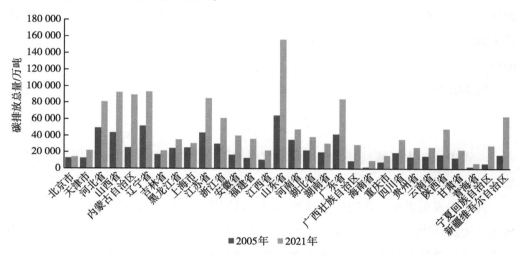

图 3-2　我国 30 个样本省份 2005 年和 2021 年碳排放总量

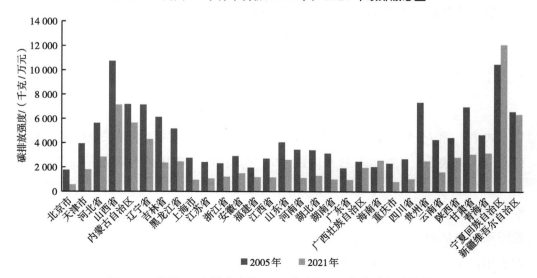

图 3-3　我国 30 个样本省份 2005 年和 2021 年的碳排放强度

3.4 碳排放强度空间关联特征分析

3.4.1 空间关联网络方法介绍

3.4.1.1 修正引力模型

关系的确定是网络分析的关键。根据现有研究，学者们目前大多采用VAR格兰杰因果检验或者构造引力模型来确定关系。考虑到VAR模型对滞后阶数的选择过于敏感，并且基于此模型构建的网络无法刻画空间关联网络的演变趋势（刘华军　等，2015）[240]，又考虑传统引力模型的不足，因此，本书参考刘华军等（2015）[240]，崔蓉等（2023）[241]，王江、赵川（2021）[242]的做法，根据研究需要，构造修正后的引力模型。

修正引力模型是建立在万有引力模型的基础之上，其基本引力模型见式（3-5）：

$$F_{ij} = K \frac{M_i M_j}{D_{ij}^r} \tag{3-5}$$

式中，F_{ij} 为区域 i 和区域 j 之间的"引力"，M_i 和 M_j 表示区域 i 和区域 j 的"质量"，D_{ij} 表示区域 i 和区域 j 之间的"距离"，r 为距离衰减系数，K 为修正系数。

为了增强引力模型在碳排放强度空间关联网络研究中的适用性，本书参考吉雪强等（2025）[243]，郑辉、谷瑞娜（2025）[244]，雷婷等（2025）[245]的相关研究，认为省份间碳排放强度引力大小与各省之间的空间距离、经济发展水平、人口、碳排放强度的差异有关，具体修正后的引力模型见式（3-6）：

$$F_{ij} = K_{ij} \frac{\sqrt[3]{P_i G_i C_i} \sqrt[3]{P_j G_j C_j}}{D_{ij}^2} \tag{3-6}$$

$$K_{ij} = \frac{C_i}{C_i + C_j}, \quad D_{ij} = \frac{d_{ij}}{g_i - g_j} \tag{3-7}$$

式中，i 和 j 分别代表不同省份，F_{ij} 代表 i、j 省碳排放强度空间关联强度（引力值），P_i、P_j 表示 i、j 省年末总人口数，G_i、G_j 表示 i、j 省国内生产总值，C_i、C_j 表示 i、j 省碳排放强度，K_{ij} 是修正系数，代表省份 i 在两地碳排放强度中的相对重要性。根据现有文献（刘华军　等，2015）[240]、（张德钢、陆远权，2017）[246]，把地理距离和经济距离同时纳入 D_{ij} 更为合适，d_{ij} 表示 i、j 省之间的地理距离，g_i 和 g_j 分别表示 i、j 省实际人均地区生产总值。由上述公式可以求出各省之间碳排放强度的引力大小。为满足后续空间关联分析的需要，需构建省份碳排放强度引力矩阵（30×30），并进行二值化处理。设定引力矩阵的每行均值作为阈值，若该行数据大于均值，则取1，表示两省之间碳排放强度空间关联显著，若该行数据小于均值，则取0，表示两省份之间碳排放强度空间关联不显著。由此便可得到省域碳排放强度空间关联的二值化矩阵，然后以30个省份作为网络节点，省域碳排放强度关联矩阵中的系数作为边，构建省域碳排放强度空间关联网络。

3.4.1.2　社会网络分析法

社会网络分析法是由社会学家根据数学方法、图论等发展起来的定量分析方法。近年来该方法在许多领域都有广泛的应用并发挥了重要作用，国内外许多学者将社会网络分析法应用到了经济领域研究中，包括新质生产力、数字经济、数字普惠金融、碳排放，用以分析地区间的网络联系和经济互动。本书将该方法应用于省域碳排放强度空间关联网络的研究中，从整体网络、个体网络、块模块分析三个维度分析30个样本省（自治区、直辖市）之间的碳排放强度空间关联网络特征。对于整体网络选取网络关联关系数、网络关联度、网络密度、网络等级、网络效率五个指标分析省域碳排放强度空间关联整体网络结构特征。对于个体网络选取点度中心度、中介中心度、接近中心度来描绘省域碳排放强度空间关联个体网络结构特征。用块模型分析刻画各省份在碳排放强度空间关联网络中的地位和角色，揭示空间关联网络的结构特征。

（1）整体网络特征刻画

网络关联关系数（Q）。网络关联关系数指的是网络中所有节点之间的直接连接（边）的总数。在无向网络中，每条边连接两个节点，而在有向网络中，每条边有一个明确的方向，从一个节点指向另一个节点。网络关联关系数是衡量网络复杂程度的基础指标，数量越多，意味着网络中发生的互动行为越繁杂，信息、资源交换的潜在路径也就越丰富，网络关联关系数为后续分析网络活力、凝聚力等特性奠定了数量基础。

网络关联度（C）。网络关联度是一个衡量网络中节点相互连接程度的指标。它通常用来描述网络中节点的连通性，即一个节点与网络中其他节点的直接联系程度。同时，它也能够反映空间关联网络自身的稳定性。如果在网络中一个节点与其他许多节点都相连，那么这个网络就会对这个节点有依赖性，一旦这个节点出现了问题，就会引起网络的崩塌。所以网络关联度越高，网络的稳定性也就越强。其具体的计算公式为：

$$C = 1 - \left[\frac{2S}{N(N-1)} \right] \tag{3-8}$$

式中，C 为网络关联度，N 为网络中省份数量，S 为不可达省份数。

网络密度（D）。网络密度是用来刻画网络成员间关系的紧密程度，密度高说明成员彼此连接紧密，信息、资源流通会更迅速。网络密度是实际存在的连线数量与理论上可能存在的最大连线数量的比值。对于规模为 N 的有向网络来说，理论上最大的关系总数为 $N(N-1)$，如果实际拥有的关系数为 L，则网络密度计算公式见式（3-9）：

$$D = \frac{L}{N(N-1)} \tag{3-9}$$

网络等级（H）。网络等级刻画的是网络中各个成员之间在多大程度上非对称可达，反映网络的层级分化特性。高级别的节点往往控制着信息、资源的流动，位于网络权力结构的上层，低级别的节点相对处于从属、接收地位，整个网络呈现出一种类似金字塔的结构分层。网络等级结构越森严，越多的成员处于从属和边缘地位。网络等级计算公式如下：

$$H = 1 - \frac{V}{max(V)} \tag{3-10}$$

式中，V 表示网络中对称可达的点对数，$max(V)$ 表示网络中尽可能大的点对数。

网络效率（E）。网络效率用来描述网络成员之间的连接效率，反映网络中存在多余线的程度。网络效率是反向指标，网络效率越低，表明省份的联系路径越多，联系得越紧密，网络越稳定。然而当连线过多时可能会超出网络的可容纳量，可能会导致成本的上升和更多资源的消耗。所以在空间关联网络中需要保持一个恰当的网络效率才能实现资源的合理利用。网络效率计算公式如下：

$$E = 1 - \frac{W}{max(W)} \tag{3-11}$$

式中，W 表示网络中多余关联数，$max(W)$ 表示网络中最大可能的多余关联数。

（2）个体网络特征刻画

①点度中心度。点度中心度是最基础、直观的中心性指标，用于衡量一个节点直接连接其他节点的数量。在无向网络里，点度中心度是指与某一节点直接相连的其他节点的数量；有向网络则区分入度与出度，入度中心度指的是指向该节点的

边的数量，反映节点的受欢迎程度或信息汇聚能力；出度中心度指的是从该节点出发的边的数量，展现节点的影响力传播范围。点度中心度能快速识别网络中的活跃分子，这些节点往往是信息传播的起始点，或是资源汇聚的关键所在，在关联网络中，高点度中心度的节点拥有更多交流合作机会。对于有 N 个节点的有向网络，X 的节点的点出度为 C_1，入度为 C_2，那么点度中心度的计算公式如下：

$$C_D = \frac{C_1 + C_2}{2(N-1)} \tag{3-12}$$

②中介中心度。中介中心度反映空间关联网络中各节点的中介作用，当某一节点在空间关联网络中处于许多节点对的捷径上时，中介中心度就越高，在空间关联网络中的"桥梁"作用就越明显。中介中心度反映节点对网络中资源、信息流动的控制能力。中介中心度高的节点拥有信息差优势，在网络整合、协调各方关系上作用巨大，能够促进不同子群体之间的交流。假设网络中有 N 个节点，其中节点 j 和节点 k 之间存在 g_{jk} 条捷径，j 和 k 之间存在的经过第三个节点 i 的捷径数为 $g_{jk}(i)$，i 对 j、k 两节点交流的控制能力用 $b_{jk}(i)$ 表示，$b_{jk}(i)=g_{jk}(i)/g_{jk}$，那么中介中心度的计算公式如下：

$$C_B = \frac{2\sum_j^N \sum_k^N b_{jk}(i)}{N^2 - 3N + 2} \tag{3-13}$$

③接近中心度。接近中心度反映一个节点不受其他节点控制，快速传播或获取信息的能力。接近中心度高的节点到网络中其他所有节点的距离总和相对较小，意味着它能迅速与各方互动，不受太多中间环节制约，也就是在网络中通达性越好，与其他节点的联系越紧密，对其他节点的影响控制程度就越强，该节点就越居于网络的中间位置。假设 d_{ij} 是节点 i 与节点 j 之间的捷径距离，即捷径中包含的线数，那么接近中心度的公式如下：

$$C_C = \frac{1}{\sum_{j=1}^N d_{ij}} \tag{3-14}$$

（3）块模型分析

块模型是一种将网络中的节点划分为不同组或块的方法，这些块内的节点在某些特征上相似，而块与块之间的节点则在这些特征上不同。参考现有研究的划分标准（Wasserman et al，1994）[247]；（安勇、赵丽霞，2020）[248]；（冯颖　等，2020）[249]，本书将碳排放强度空间关联网络中的板块划分为四种类型：一是净溢出板块，该板块成员对其他板块成员的溢出关系明显多于它对内部成员发出的关系，且接收其他板块发出的关系较少。二是净受益板块，该板块成员以内部联系为主，与外部联系较弱，且接受外部联系要多于向其他板块的溢出效应，属于网络中的受益者。三是双向溢出板块，该板块成员既存在向其他板块的溢出关系，又存在向板块内部的溢出关系，但较少接收其他板块的溢出关系。四是经纪人板块，该板块成员既接收较多其他板块的溢出关系，同时又向其他板块发出较多关系，其板块内部成员之间的关系比例较少，该板块成员与其他板块成员间联系较多，在网络中发挥中介和桥梁作用。

3.4.2　碳排放强度空间关联特征分析

基于修正的引力模型计算出2005—2021年中国省域碳排放强度空间关联网络矩阵，借助Gephi0.10软件绘制2005年、2013年和 2021年中国省域碳排放强度空间关联网络结构图，如图3-4所示。

根据图3-4可知，从2005年到2021年，我国碳排放强度空间关联网络呈现出显著的变化。2005年网络较为稀疏，省份间碳排放强度关联有限。随着时间的推移，网络密集程度逐步提升，2021年关联网络已非常密集，这意味着样本省份在碳排放强度方面的相互影响日益广泛和深入。在核心—边缘结构方面，北京、上海、广东、江苏等省份在这三个年份中始终处于核心位置，它们的核心地位不断强化。2005年这些核心省份与其他省（自治区、直辖市）的联系相对较弱，到2021年，核心省份与其他省份的连线明显增多且更加紧密，在碳排放强度关联网络中的关键作用越发突出。与之相对，青海、甘肃等省份在三个年份中始终处于边缘位置，整体影响力仍较小，不过它们与其他省份的连线数量也在逐渐增加，碳排放关系呈现出越发紧密的态势。从区域关联性来看，东部地区省份在碳排放强度关联中一直占据重要地位。2005年，中西部地区与东部地区在碳排放强度方面的联系较弱，但随着时间的推移，尤其是2013年和2021年，中西部省份与东部省份之间的关联逐渐增强，这反映了我国区域经济发展和产业转移过程中的碳排放互动情况。

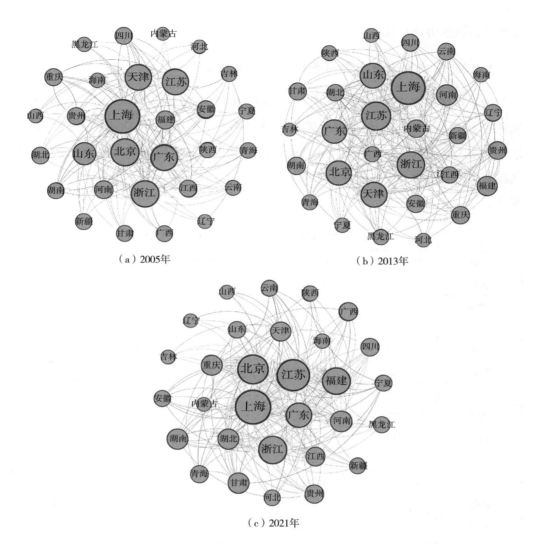

图 3-4　2005 年、2013 年和 2021 年省域碳排放强度空间关联网络结构图

碳排放强度关联增强的原因主要包括产业结构调整、能源政策转型和区域经济一体化。随着我国产业结构从 2005 年到 2021 年的不断优化，东部地区产业升级并向中西部地区转移，促使各省份间碳排放强度联系更为紧密。同时，我国能源政策向清洁能源和高效利用方向发展，也促使各省份在能源转型过程中的相互影响增加。此外，区域经济一体化带来的经济联系增强，也使得碳排放强度的空间关联日益紧密。综合上述分析，各省份需加强协同治理，核心省份应带领其他省份共同开展碳减排工作，针对各省份在网络中的不同位置，制定差异化的碳减排政策，如推动核心省份进行产业低碳升级，引导边缘省份发展特色低碳产业。还应长期监测碳排放强度空间关联网络的变化，评估政策效果并及时调整策略，确保碳减排目标的

实现和区域的协调发展。

3.4.2.1 碳排放强度空间关联整体网络特征分析

为了更进一步描述碳排放强度空间关联网络的结构演变趋势，利用nuinet软件测算了2005—2021年间整体网络密度、网络等级、网络效率、网络关联度，测算结果如表3-2所示。为了更加直观清晰地展示结果，又绘制出网络关联关系数、网络密度、网络等级、网络效率随时间变化的柱状图和折线图，结果如图3-5、图3-6所示。

表3-2　碳排放强度空间关联网络整体结构特征

年份	网络关系数	网络密度	网络等级	网络效率	网络关联度
2005	169	0.194 3	0.586 5	0.726 6	1
2006	173	0.198 9	0.586 5	0.719 2	1
2007	177	0.203 4	0.586 5	0.711 8	1
2008	177	0.203 4	0.621 2	0.706 9	1
2009	186	0.213 8	0.600 5	0.687 2	1
2010	202	0.232 2	0.565 7	0.662 6	1
2011	206	0.236 8	0.580 1	0.655 2	1
2012	212	0.243 7	0.559 2	0.650 2	1
2013	211	0.242 5	0.570 1	0.652 7	1
2014	208	0.239 1	0.527 2	0.655 2	1
2015	210	0.241 4	0.531 4	0.642 9	1
2016	206	0.236 8	0.533 0	0.647 8	1
2017	197	0.226 4	0.560 4	0.667 5	1
2018	198	0.227 6	0.560 4	0.665 0	1
2019	186	0.213 8	0.714 3	0.687 2	1
2020	185	0.212 6	0.710 5	0.689 7	1
2021	187	0.214 9	0.711 2	0.687 2	1

总体来看，2005—2021年间省域碳排放强度空间关联网络相关指标呈现出多维度的变化特征。研究期内网络关系数波动起伏。2005—2010年指标数值在169～202之间波动，反映出这段时间内省域碳排放关联的不稳定性。2010—2012年迎来增长小高峰，这可能与国家节能减排政策的引导有关。随后下降并稳定在190左右，标志着网络结构趋于成熟，冗余连接被淘汰。研究期内网络密度呈波动

上升态势,从2005年的0.194 3升至2021年的0.214 9,这表明省域间碳排放强度联系日益紧密,区域一体化协同发展战略可能是主要的原因。例如,在京津冀、长三角、珠三角等区域协同发展过程中,产业、能源、交通等方面的协同导致碳排放关联增多,网络密度增加。研究期内网络等级变化显著,2005—2014年网络等级在0.527 2～0.621 2之间波动,整体呈下行趋势。后发省份通过追赶,缩小了与经济发达省份在碳排放管理上的差距,使网络层级结构逐渐弱化。2015—2021年网络等级逐年递增,在0.531 4～0.714 3之间稳定波动,网络层级结构明显,一些经济发达省份在碳排放管理上占据核心地位。研究期内网络效率在0.642 9～0.726 6之间波动,反映了省域间在碳排放政策实施和技术推广上的不协调。由于样本省份在碳减排政策实施节奏上存在差异,导致网络效率未出现明显的升降趋势,但网络效率是一个反向指标,它保持在一定范围内的稳定波动正说明我国碳排放强度关联网络的稳定性良好。研究期内的网络关联度都是1,凸显了省域碳排放强度空间关联网络的强连通性,这表明全国范围内省域间碳排放强度紧密相连,不存在孤立区域,这也为我国统一碳排放管理政策的实施奠定了基础。

总体而言,研究期间,省域碳排放强度空间关联网络发生了较大变化。网络结构从早期的相对松散、层级分明逐渐向紧密且相对平等的方向发展。这种演变反映了国家政策、区域发展战略以及省域自身在碳排放管理方面的努力和变化。随着网络结构的演变,在未来的碳排放管理中,应充分利用网络强连通性优势,进一步加强省域间在政策、技术和产业方面的协同,推动全国碳减排目标的实现。同时,针对网络效率波动问题,应加强区域间的沟通与协调,确保碳排放管理措施的有效实施。

图3-5展示了2005—2021年省域碳排放强度网络关联关系数和网络密度变化情况。网络关联关系数总体呈波动变化,2005年起逐渐上升,2012年达到高峰212个,随后有所下降并在2017—2021年稳定于190～200之间。这一变化同样反映了研究前期省域在碳排放管理方面交流合作增多,后期网络结构逐渐成熟稳定。网络密度波动变化在0.194 3～0.243 7之间,2005年为0.194 3,2021年为0.214 9。网络关联关系数与网络密度的变化趋势有相似性,2012年两者都达到较高值,表明关联关系数增加时网络密度也相应增加,省域间碳排放强度联系更紧密。网络关联关系数的波动幅度明显大于网络密度,说明前者更易受政策、产业转移等外部因素影响,而网络密度相对稳定地反映了省域间碳排放强度关联的基本结构较为稳定。

图 3-5　碳排放强度网络关联关系数和网络密度图

图 3-6 呈现了 2005—2021 年省碳排放强度网络等级与网络效率的变动情况。由图中可知，2005—2014 年省域碳排放强度网络等级呈波动下行态势。2005 年该数值为 0.586 5，到 2008 年攀升至 0.621 2 的峰值后逐步回落，至 2014 年降至 0.527 2。表明这几年内部分经济与技术较为落后的省份在碳排放管理方面逐步追赶，碳排放强度网络中的等级差异逐渐缩小。自 2015 起至 2021 年网络等级呈现逐年上升态势，可能由于部分经济与技术较为发达的省份在碳排放管控方面占据优势，进而导致网络等级较高。网络效率呈现波动变化，波动幅度相对较小，其数值介于 0.642 9～0.726 6 之间。2005 年网络效率为 0.726 6，2021 年约为 0.687 2。在整个观测期内，网络效率不断波动，2012—2013 年达到相对较高峰值后有所下降。这反映了省域间碳排放协同程度的变化，但总体而言，协同程度相对平稳，网络较为稳定。网络等级与网络效率的变化趋势存在一定相关性，2012 年，两者均处于较高水平，这表明网络等级较高时，网络效率也会相应提升，省域间碳排放协同管理与网络等级存在关联。然而，相较而言，网络等级的波动幅度大于网络效率，这说明网络等级更易受到政策调整、产业转移等外部因素的影响，而网络效率则相对稳定。

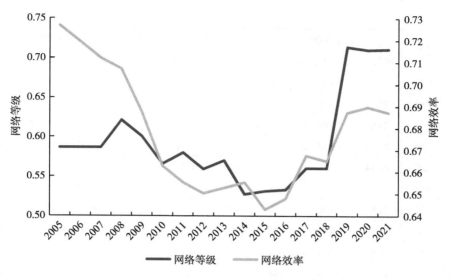

图 3-6　碳排放强度网络等级和网络效率图

3.4.2.2　碳排放强度空间关联个体网络特征分析

利用 ucinet 软件计算得到了碳排放强度空间关联网络个体结构特征的相关指标，选取2005年、2013年、2021年分别作为初始年、转折年和最终年，分析这三年碳排放强度空间关联网络个体结构特征，结果如表3-3所示。

表3-3　碳排放强度空间关联网络个体结构特征

地区	省份	点度中心度			中介中心度			接近中心度		
		2005 年	2013 年	2021 年	2005 年	2013 年	2021 年	2005 年	2013 年	2021 年
东部地区	北京	86.21	75.86	86.21	19.35	10.83	17.36	87.88	80.56	87.88
	天津	65.52	72.41	37.93	9.10	9.17	2.34	74.36	76.32	61.70
	河北	6.90	17.24	17.24	0.00	0.09	0.22	48.33	51.79	53.70
	上海	89.66	86.21	89.66	16.23	11.24	14.16	87.88	87.88	90.63
	江苏	68.97	75.86	89.66	7.94	8.34	15.60	74.36	80.56	90.63
	浙江	68.97	65.52	65.52	7.82	5.69	5.48	74.36	72.50	74.36
	福建	24.14	41.38	58.62	0.20	1.32	4.06	56.86	61.70	69.05
	山东	48.28	58.62	24.14	2.30	3.82	0.33	65.91	70.73	56.86
	广东	62.07	51.72	51.72	5.91	3.27	1.95	70.73	65.91	67.44
	海南	17.24	24.14	20.69	0.12	0.33	0.11	54.72	56.86	55.77
	均值	53.79	56.90	54.14	6.90	5.41	6.16	69.54	70.48	70.80

地区	省份	点度中心度			中介中心度			接近中心度		
		2005年	2013年	2021年	2005年	2013年	2021年	2005年	2013年	2021年
中部地区	山西	17.24	24.14	13.79	0.10	0.24	0.07	54.72	56.86	53.70
	安徽	24.14	27.59	17.24	0.33	0.73	0.09	56.86	58.00	54.72
	江西	20.69	20.69	20.69	0.18	0.18	0.11	55.77	54.72	55.77
	河南	24.14	41.38	31.03	0.29	1.52	0.43	56.86	63.04	59.18
	湖北	24.14	27.59	41.38	0.29	0.24	0.67	56.86	58.00	63.04
	湖南	20.69	27.57	31.03	0.18	0.33	0.23	55.77	58.00	59.18
	均值	21.84	28.16	25.86	0.23	0.54	0.27	56.14	58.10	57.60
东北地区	辽宁	13.79	34.48	13.79	0.04	1.39	0.07	53.70	60.42	53.70
	吉林	20.69	17.24	17.24	0.39	0.11	0.13	55.77	54.72	54.72
	黑龙江	17.24	27.59	24.14	0.14	0.41	0.39	54.72	58.00	56.86
	均值	17.24	26.44	18.39	0.19	0.64	0.20	54.73	57.71	55.09
西部地区	内蒙古	10.35	41.38	13.79	0.04	2.00	0.11	52.73	63.04	53.70
	广西	17.24	24.14	27.59	0.12	0.33	0.23	54.72	56.86	58.00
	重庆	24.14	31.03	37.93	0.23	0.30	0.81	56.86	59.18	61.70
	四川	24.14	34.48	31.03	0.29	0.83	0.23	56.86	60.42	59.18
	贵州	27.59	37.93	31.03	0.35	0.75	0.23	58.00	61.70	59.18
	云南	24.14	31.03	27.59	0.29	0.50	0.23	56.86	59.18	58.00
	陕西	24.14	27.59	24.14	0.29	0.18	0.10	56.86	58.00	56.86
	甘肃	24.14	37.93	48.28	0.29	0.80	2.01	56.86	61.70	65.91
	青海	24.14	31.03	31.03	0.29	0.43	0.48	56.86	59.18	59.18
	宁夏	24.14	27.59	27.59	0.29	0.26	0.38	56.86	58.00	58.00
	新疆	20.69	31.03	24.14	0.23	0.64	0.32	55.77	59.18	56.86
	均值	22.26	32.29	29.47	0.25	0.64	0.47	56.30	59.68	58.78
全国	总均值	32.18	39.08	35.86	2.45	2.21	2.30	60.52	62.77	62.18

　　我国碳排放强度空间关联网络个体结构特征在点度中心度、中介中心度、接近中心度以及四大地区层面呈现出鲜明特点。从点度中心度来看，东部地区省份点度中心度普遍较高，如北京、上海、广东等地，这些地区因经济活跃、产业结构多元，与其他省份在碳排放方面存在大量直接联系。相比之下，西部地区省份的点度中心度较低，这与当地经济发展水平和产业结构的局限性有关。随着时间的推移，部分省份的点度中心度值随自身经济发展和产业结构调整而有所增加。在中介中心度方面，东部沿海省份表现突出，以上海、广东为代表，它们在区域间碳排放的影

响中起到关键的桥梁作用。中西部省份的中介中心度较低，表明其在连接其他省份碳排放关系上作用较弱。不过，一些中部省份随着时间的推移，中介中心度有所上升，受其地理位置和经济发展等因素的影响，使其在区域碳排放联系中的作用逐渐凸显。接近中心度方面，东部地区省份数值较高，这表明它们在碳排放网络中的独立性较强，受其他省份影响较小；而西部地区省份接近中心度较低，更容易受到其他省份碳排放相关因素的影响。部分省份随着自身碳排放管理能力的提升，其接近中心度有所提高，自主性增强。

从四大地区层面分析可知，东部地区三个中心度都表现出色，处于碳排放强度空间关联网络的核心地位，其经济发展水平、产业结构和技术创新能力使其在碳排放管理上能够起到引领和协调作用。中部地区各项中心度指标处于中等水平，随着中部崛起战略推进，其在区域碳排放协调中的作用正在逐渐提升。西部地区由于经济和产业的限制，在碳排放网络中的参与度和影响力较弱，但随着西部大开发和绿色发展战略的实施，这种状况会有所改善。东北地区在点度中心度和中介中心度方面有一定表现，但接近中心度较低，其通过产业结构调整和经济转型可以影响它们在碳排放网络中充当的角色。

总体而言，我国不同地区省份在碳排放网络中的角色和地位受当地经济、产业和政策等因素影响，且在地域和时间上呈现出多样化特征。这些特征为制定差异化的碳排放管理策略提供了一定依据。

3.4.2.3 碳排放强度空间关联网络块模型特征分析

根据White等人提出的网络块模型分析方法[250]，将我国碳排放强度空间关联网络分为四个板块：净溢出板块、净受益板块、双向溢出板块和经纪人板块，根据板块的分类结果，探寻我国碳排放强度的传导机制。利用CONCOR迭代方法，选取最大分割深度为2，收敛标准为0.2，基于2021年我国碳排放强度的空间关联网络，将30个省份划分为四大板块，其结果如图3-7所示。根据实际内部关系比例与期望内部关系比例的比较，以及板块之间的溢出和接收关系数判断出四大板块的各自属性，其结果如表3-4所示。

由图3-7的聚类结果可知，我国30个样本省被划为四个板块，板块一包括安徽、江西、河南、甘肃、青海、广西、贵州、海南、湖北、湖南、四川、云南、新疆；板块二包括辽宁、内蒙古、山西、河北、黑龙江、宁夏、陕西、吉林和山东；板块三包括北京、上海、江苏、天津；板块四包括广东、福建、浙江和重庆。

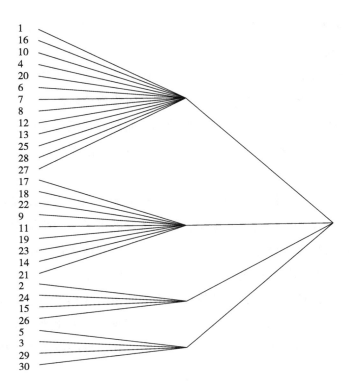

	安徽	1
	江西	16
	河南	10
	甘肃	4
	青海	20
	广西	6
	贵州	7
	海南	8
	湖北	12
	湖南	13
	四川	25
	云南	28
	新疆	27
	辽宁	17
	内蒙古	18
	山西	22
	河北	9
	黑龙江	11
	宁夏	19
	陕西	23
	吉林	14
	山东	21
	北京	2
	上海	24
	江苏	15
	天津	26
	广东	5
	福建	3
	浙江	29
	重庆	30

图 3-7 2021 年碳排放强度空间聚类结果

表 3-4 2021 年板块间碳排放强度空间关联特征

	城市数	溢出关系数	接收关系数	期望内部关系比（%）	实际内部关系比（%）	板块属性
板块一	13	85	27	41.38	12.37	净溢出
板块二	9	40	7	27.59	9.09	净溢出
板块三	4	13	83	10.34	23.53	净受益
板块四	4	27	48	10.34	6.90	经纪人

如表 3-4 所示，2021 年我国碳排放强度空间关联网络共存在 165 个关联关系，四个板块之间又有着各自不同的溢出关系和接收关系，这表明我国碳排放强度在各板块之间存在显著的空间关联和溢出效应。具体而言，板块一的实际内部关系比例（12.37%）低于期望内部关系比例（41.38%），溢出关系数（85）远高于接收关系数（27）。这表明板块一更倾向于向其他板块发送更多的关系，而不是接收，因此可以被归类为净溢出板块。板块二的实际内部关系比例（9.09%）低于期望内部关系比例（27.59%），溢出关系数（40）高于接收关系数（7）。板块二也倾向于向外发送关系，因此也被归为净溢出板块。板块一涵盖安徽、江西等中西部省份，板块二则包含辽

宁、内蒙古等省份，两者在我国碳排放强度空间关联网络中都被划为净溢出板块，可能与以下几方面因素有关：①产业结构因素，板块一中的中西部省份重工业与传统产业占比较大，如河南、四川的重工业，新疆的石化产业，生产流程耗能高、碳排放强度大，产品外销时，碳排放也随之流出。板块二的北方工业大省情况类似，辽宁、山西的煤炭、钢铁产业长期主导经济，生产链条碳排放密集，产品跨区域流通带动碳排放外溢。②能源结构不合理，板块一的西部省份，煤炭主导能源供应，清洁能源发展尚处于起步阶段，生产生活依赖高碳能源，碳排放量大，向外输出的能源及工业制品背后是高额碳排放。板块二的东北、华北地区，冬季取暖刚需，煤炭供热是普遍情况，能源转型滞后，高碳能源消费持续推高碳排放，能源类产品输出时，碳排放一并溢出。③技术创新乏力，板块一包含的省份科研投入有限，节能减排技术难以取得关键突破，无法降低生产碳排放，产品带着高碳足迹输出。板块二作为传统工业基地，受旧有产业格局与体制机制掣肘，新技术应用缓慢，高耗能设备更新困难，碳排放强度居高不下。④与区域发展定位有关系，板块一承担资源与基础工业保障职能，大量高碳原材料、初级产品运往外地，碳排放算在产地；板块二肩负能源供应重任，能源物资调出拉高本地碳排放，由此板块一、板块二都被划入净溢出板块。

板块三的实际内部关系比例（23.53%）高于期望内部关系比例（10.34%），接收关系数（83）远高于溢出关系数（13）。板块三接收的关系多于发送的关系，且内部关系比例高于期望值，这表明它是一个净受益板块。板块三包括北京、上海、江苏、天津，之所以在我国碳排放强度空间关联网络中被划定为净受益板块，可能与以下因素有关：①从产业结构来看，这些区域已然跨越传统工业主导的粗放发展阶段，实现了向高端化、集约化产业模式的转型。北京作为全国的科技创新与金融服务核心，科研与知识密集型服务业蓬勃发展，依靠高附加值的创新成果与专业服务，汇聚海量资源；上海依托国际金融中心、贸易枢纽、航运高地的定位，现代服务业高度繁荣，成为全球资本与经贸信息交互的关键节点；江苏与天津积极推动产业升级，高端装备制造、新兴技术产业蓬勃兴起，成为区域经济新的增长极。此类产业能耗低、碳排放少，却能借助技术创新、知识溢出与优质服务，吸引大量外部资源流入，在获取高经济效益的同时，维持较低的碳排放流入水平。②在能源利用效率方面，积极构建智能化能源管理体系，运用先进信息技术精准调控能源分配，最大限度削减传输损耗；持续加大清洁能源投入，太阳能、风能、生物质能等可再生能源在能源结构中的占比稳步攀升，从源头上降低碳排放；辖区内工业企业普遍推行节能技术改造，引入高效节能设备、优化工艺流程，促使工业能源利用效率显著提升。这种低能耗、高效能的能源利用格局，使得它们相较于其他地区，碳排放强度显著偏低，既能承接一定规模的外来碳排放，又能保障自身碳排放强度处于可控范围。③在科技创新实力方面更是关键支撑。这些地区高校林立、科研院所汇聚，顶尖科研人才集聚效应明显，创新活力与科研成果转化能力强劲。诸多前沿科研成果迅速落地，转化为实用的节能减排技术、低碳商业模式，为本地低碳发展提供强劲动力，还凭借技术输出，向其他地区辐射先进经验与解决方案，收获技术溢出带来的经济效益。④在消费市场维度方面，各地高碳产品向此地汇聚，经本地深度加工、创意设计与品牌塑造，附加值大幅提升，而生产环节产生的碳排放仍留于产地。本地消费者得以享受低碳且优质的产品与服务，服务业也围绕高端消费持续升级，衍生出一系列低碳化的金融、物流服务模式，由此，板块三被划分为净受益板块。

板块四的实际内部关系比例（6.90%）低于期望内部关系比例（10.34%），接收关系数（48）高于溢出关系数（27）。板块四接收的关系多于发送的关系，但实际内部关系比例低于期望值，这表明它是一个经纪人板块。板块四包括广东、福建、浙江、重庆，在我国碳排放强度空间关联网络里被划作经纪人板块，可能与以下因素有关：①产业结构多元。广东、浙江省制造业发达，从传统轻工业到高端电子信息产业均有布局，福建的外向型加工贸易兴盛，重庆的汽摩产业与新兴制造业协同发展。这种多元性促使它们与各板块频繁往来，既承接高碳原材料输入，满足生产刚需，又输出低碳高附加值产品，成为产业资源流转的关键枢纽。例如广东的电子产业，吸纳内地的基础材料，成品远销国内外，串起不同碳排放强度地区的供需链条。②地缘与贸易优势，广东、福建、浙江沿海，坐拥优良港口，是对外贸易的前沿阵地；重庆虽处内陆，却是长江经济带与"一带一路"重要联结点。对外，它们与全球市场接轨，引入低碳技术、清洁能源设备；对内，与中西部资源大省、东部技术强省紧密互动，输送海外先进理念，带回内地资源，双向的经贸流通让碳排放关联错综复杂，天然扮演起沟通内外、牵线搭桥角色。③科技创新投入与应用，四个地区都高度重视科研，高校科研成果向企业的转化率较高，企业自身研发创新能力也强。在节能减排领域，不断催生新技术、新工艺，不仅削减了自身碳排放，还向上下游扩散。浙江的智能制造升级，让生产更节能；福建的新能源材料研发，辐射关联产业。借此既能吸纳高碳板块的资源来试验新技术，又能输出低碳方案助力其他地区。政策引导与市场活力双轮驱动，地方政策鼓励绿色转型与开放合作，激活市场主体能动性，催生大批环保服务、碳交易中介类企业，进一步强化它们在碳排放网络中作为桥梁的作用。因此，板块四被划为经纪人板块。

为进一步考察我国碳排放强度在板块之间的关联关系，依据板块之间关联关系的分布情况，计算出各板块的密度矩阵。同时，2021年我国省域碳排放强度空间关联网络的整体网络密度为0.2149，如果某一板块的密度大于0.2149，则说明碳排放强度在该板块具有集中趋势，将其结果赋值为1，若小于0.2149，则说明碳排放强度在该板块没有集中趋势，将其结果赋值为0，根据这一规则，可将密度矩阵转化为像矩阵。像矩阵清晰地展示了各板块在碳排放强度空间关联网络中的溢出效应，并且通过像矩阵还可以得到我国碳排放强度空间关联网络在板块间的传导机制，具体结果如表3-5、图3-8所示。

表3-5　2021年碳排放强度空间关联板块的密度矩阵与像矩阵

板块	密度矩阵				像矩阵			
	板块一	板块二	板块三	板块四	板块一	板块二	板块三	板块四
板块一	0.077	0.017	0.808	0.788	0	0	1	1
板块二	0.017	0.056	0.889	0.167	0	0	1	0
板块三	0.135	0.139	0.333	0.063	0	0	1	0
板块四	0.346	0.000	0.563	0.167	1	0	1	0

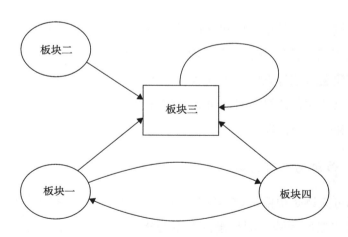

图3-8　2021年碳排放强度四大板块之间的传导机制图

根据图3-8所示的结果来看，各个板块在碳排放强度上各有特点。具体而言，板块三在碳排放强度上位于四大板块中的核心位置，板块一、板块二、板块四以及它自身都对板块三有明显的溢出效应。板块一与板块四之间有相互的溢出效应，而板块二只对板块三有溢出效应。板块一和板块四包含的多是中部和东部部分地区省份，反映出我国碳排放强度在这两个地区联系较为紧密。板块二包含的大多是东北和西部地区城市，这个板块与其他板块之间的联动效应较弱，同样也体现出区域发展的不平衡。板块三包含的多是东部地区省份，这些地区以服务业和高端制造业为主。高端制造业往往在产业链中处于高端环节，对上下游产业的碳排放都有一定的关联和影响，其生产需求会拉动其他板块的生产，进而影响碳排放。同时其消费市场庞大，是各类产品的重要消费地。它们对能源、原材料等资源的大量需求，促使其他板块向其输送产品，这一过程涉及生产、运输等环节，导致碳排放传导汇聚到板块三。

3.5　碳排放强度的动态演进趋势和时空变化规律分析

为进一步探索我国碳排放强度的动态演进趋势和时空变化规律。本书采用传统马尔可夫链和空间马尔可夫链概率转移矩阵揭示省域碳排放强度差异的时空转移路径和空间演变特征。

3.5.1　马尔可夫链方法

马尔可夫链的理论基础主要建立在概率论和随机过程的基础上，其核心思想是系统的未知状态只依赖于当前状态，而与过去的状态无关（马尔可夫性）。它通过构建状态转移模型来描述系统在不同状态之间的动态变化，并利用这些模型进行预测和分析。本书采用传统马尔可夫链和空间马尔可夫链比较分析省域碳排放强度的动态演进趋势和时空变化规律。

3.5.1.1　传统马尔可夫链

传统马尔可夫链是由俄国数学家马尔可夫在研究随机过程的基础上提出的，通过构造状态转移概率矩阵来测量事件发生的状态及其发展变化趋势[251]。马尔可夫性是传统马尔可夫链的核心特征，它表明在给定当前状态下，未来状态仅依赖于当前状态，而与过去无关，这也被称为无后效性。许多经济、地理现象演变过程存在马尔可夫性的特征，具体到碳排放强度，其演变过程同样存在马尔可夫性。传统马尔可夫链通过将连续的数据离散为 k 种类型，在时间和状态均为离散的条件下，计算每种类型的概率分布和演变趋势，从而揭示省域碳排放强度的变化特征。通常而言，t时刻的城市碳排放状态类型用一个$1 \times k$的状态概率向量$E_t = \begin{bmatrix} E_{1,t}, E_{2,t}, \cdots, E_{k,t} \end{bmatrix}$表示，则整个研究时间段内的城市碳排放强度转移状态过程就可以用一个$k \times k$的马尔可夫转移概率矩阵P_{ij}表示，概率可以根据式（3-15）来估计。

$$P_{ij} = \frac{n_{ij}}{n_i} \qquad （3-15）$$

式中，P_{ij}为某省（自治区、直辖市）从t时期的i状态转移到$t+1$时期j状态的概率；n_{ij}为在研究期内由t时期属于i类型并在$t+1$时期转移为j类型的省（自治区、直辖市）数量；n_i为研究区内协同类型处于i状态的省（自治区、直辖市）数量。

3.5.1.2　空间马尔可夫链

空间马尔可夫链是传统马尔可夫链的扩展，不仅考虑时间上的状态转移，还引入了空间维度的影响，使得模型能够更好地描述具有空间相关性的现象。空间马尔可夫链是把空间滞后的概念引入转移概率矩阵[252-253]，这是因为区域经济增长及其他经济现象的演变在地理位置上并非孤立的、随机的，而是与相邻地区紧密联系、相互影响的。空间马尔可夫链弥补了传统马尔可夫链对研究区域空间关联影响的忽视[254]，用于揭示某种经济现象在时空演变与地区空间背景之间的内在联系。以某地区在初始年份的空间滞后类型为条件，将传统的$N \times N$阶状态转移概率矩阵分解为N个$N \times N$阶转移条件概率矩阵，使得能够分析在不同地理背景条件下，某地区碳排放强度的提高或降低的可能性，以第N个条件矩阵为例，$P_{ij}(N)$表示以某地区在t年的空间滞后类型N为条件，该年由状态i转移到$t+1$年状态j的一步空间转移概率。某地区的空间滞后类型由其碳排放强度值在初始年份的空间滞后值来分类确定，空间滞后值是该区域邻近地区碳排放强度值的空间加权平均，通过省域碳排放强度值和空间权重矩阵的乘积来计算[255]，具体见式（3-16）。

$$Lag = \sum_j W_{ij} C_j \qquad （3-16）$$

式中，C_j表示碳排放强度，W_{ij}表示空间权重矩阵W中的元素。本书采用邻接矩阵（利用公共边界原则来确定，即省份间在地理上具有公共边界即为相邻，则$W_{ij}=1$，否则$W_{ij}=0$。由于海南省特殊的地理位置，权重矩阵的计算假定海南省与广东省相邻）作为空间权重矩阵。Lag为区域空间滞后值。

3.5.2　传统马尔可夫链分析

为了进一步反映省域碳排放强度的内部流动方向及其位置的转移特征，本书采用传统马尔可夫转移概率矩阵进行分析。参考朱迪和叶林祥的做法[256]，将我国30个省份的碳排放强度划分为四个等级，碳排放强度水平在区间（0，1.7199]时，划分为第一等级，称为碳排放低强度水平省份（Ⅰ）；碳排放强度水平在区间（1.7199，2.7480]时，划分为第二等级，称为碳排放中等强度水平省份（Ⅱ）；碳排放强度水平在区间（2.7480，4.5383]时，划分为第三等级，称为碳排放中高强度水平省份（Ⅲ）；碳排放强度水平在区间（4.5383，+∞]时，划分为第四等级，称为碳排放高强度水平省份（Ⅳ）（下文空间马尔可夫划分的四个等级与此一致）。由此得到省域碳排放强度的传统马尔可夫转移概率矩阵，见表3-6。

表3-6 2005—2021年省域碳排放强度类型传统马尔可夫转移概率矩阵

滞后类型	t/（t+1）	Ⅰ	Ⅱ	Ⅲ	Ⅳ	观测值
无滞后	Ⅰ	0.982 5	0.017 5	0	0	114
	Ⅱ	0.133 3	0.850 0	0.016 7	0	120
	Ⅲ	0	0.105 7	0.861 8	0.032 5	123
	Ⅳ	0	0	0.089 4	0.910 6	123

由表3-6可知，传统马尔可夫转移概率矩阵对角线上的元素始终大于非对角线元素，其中，处于碳排放低强度水平、中等强度水平、中高强度水平、高强度水平等级的省（自治区、直辖市）在一年以后维持原等级的概率分别为98.25%、85%、86.18%、91.06%，说明碳排放强度水平四个等级间较为稳定，存在"俱乐部趋同现象"[257]。此外，对角线两端的元素大于对角线中间的元素，碳排放强度处于低水平和高水平等级的省份维持原等级的概率相对较高，低水平趋同和高水平趋同的俱乐部现象更为明显。

等级间的转移均发生在相邻类型之间，说明控制碳排放是一个循序渐进的过程，难以实现"跳跃式"的转移[258]。碳排放低强度水平、中等强度水平、中高强度水平在一年后向上转移一级的概率分别为1.75%、1.67%、3.25%，相邻等级间向上转移的概率较低，这是一个有利的现象，各个省份应该保持这个良好的态势，加强技术创新，推广节能减排技术、倡导绿色出行、绿色消费、发展低碳产业、加强宣传教育、提高全民低碳意识，保持住现阶段碳排放成果，争取更进一步取得更好的碳减排成效。碳排放强度中等水平、中高水平和高水平在一年后向下转移一级的概率分别为13.33%、10.57%、8.94%，相较于相邻等级间向上转移的概率，碳排放强度各等级间向下转移的概率更大，这表明我国碳减排取得一定成效，这与系列政策的引导、能源结构的优化、产业结构的升级有着密切的关系。总之，各省份需要警惕碳排放强度等级向上转移的风险，注意预防碳减排成果"倒退"，保持并稳固现有已取得的成果，争取实现碳排放等级向下转移。

3.5.3 空间马尔可夫链分析

传统的马尔可夫链将各省份视作独立的个体，但实际上各省（自治区、直辖市）碳排放强度在地理空间上并非相互独立，省份间的碳排放强度往往受到周围地区的影响，具有较强的空间集聚性和空间交互效应[259]。因此，在传统马尔可夫转移概率矩阵的基础上加入地理空间因素（引入邻接矩阵作为空间权重矩阵），结果更为准确。空间马尔可夫转移概率矩阵见表3-7。

表3-7　2005—2021年省域碳排放强度类型空间马尔可夫转移概率矩阵

滞后类型	t/（t+1）	I	II	III	IV	观测值
I	I	1	0	0	0	49
	II	0.142 9	0.857 1	0	0	7
	III	0	0.133 3	0.866 7	0	15
	IV	0	0	0.500 0	0.500 0	2
II	I	0.954 5	0.045 5	0	0	44
	II	0.161 8	0.823 5	0.014 7	0	68
	III	0	0.230 8	0.692 3	0.076 9	13
	IV	0	0	0.200 0	0.800 0	5
III	I	1	0	0	0	20
	II	0.075 0	0.900 0	0.025 0	0	40
	III	0	0.102 9	0.897 1	0	68
	IV	0	0	0.035 7	0.964 3	28
IV	I	1	0	0	0	1
	II	0.200 0	0.800 0	0	0	5
	III	0	0.037 0	0.851 9	0.111 1	27
	IV	0	0	0.090 9	0.909 1	88

由表3-7可以看出，在以不同滞后类型背景为条件后，省域碳排放强度不同等级间的状态转移呈现较大差异，不同滞后类型对省域碳排放强度不同等级间的状态转移具有重大的影响。当滞后类型分别为碳排放低强度水平、中等强度水平、中高强度水平、高强度水平时，低强度水平省份在一年后维持原等级的概率分别

为100%、85.71%、86.67%、50%。同时，一年后各等级向上转移的概率都为0；中等水平、中高水平、高水平向下转移的概率分别为14.29%、13.33%、50%。当滞后类型为中等强度水平时，在一年后维持原等级的概率分别为95.45%、82.35%、69.23%、80%。一年后低水平、中等水平、中高水平向上转移的概率分别为4.55%、1.47%、7.69%；中等水平、中高水平、高水平向下转移的概率分别为16.18%、23.08%、20%。当滞后类型为中高强度水平时，一年后维持原等级的概率分别为100%、90%、89.71%、96.43%。一年后低水平、中等水平、中高水平向上转移的概率分别为0、2.5%、0；中等水平、中高水平、高水平向下转移的概率分别为7.5%、10.29%、3.57%。当滞后类型为高强度水平时，一年后维持原等级的概率分别为100%、80%、85.19%、90.91%。一年后低水平、中等水平、中高水平向上转移的概率分别为0、0、11.11%；中等水平、中高水平、高水平向下转移的概率分别为20%、3.7%、9.09%。

与传统马尔可夫转移概率矩阵相比，不同水平省份跃迁的概率有所不同，不同空间滞后类型下存在不同的转移概率矩阵。这说明，在与邻近省份碳排放强度存在差异的情况下，本省的碳排放强度将会受到邻近省份的影响。换言之，即基于不同空间滞后类型背景下的碳排放强度存在显著的空间溢出效应。

3.6　碳减排"后进省区"识别

3.6.1　2030 年减排目标实现情况评估

基于政府承诺的 2030 年最低碳减排目标（下降 60%），在充分考虑碳减排进展的基础上，解析我国整体及各省域能否如期完成碳减排目标，本书结合我国 2005 年碳排放强度值，测算可得 2030 年我国碳减排的最低目标为 1 389.443 千克/万元（下降 60%）。2021 年我国碳排放强度为 1 977.613 千克/万元，若保持当年年均 3.46% 的减排速度，其强度将在 2030 年下降至 1 440.561 千克/万元，适当地加快碳减排进度，其目标应当可以实现。

考虑到我国 30 个样本省（自治区、直辖市）在碳排放强度及其变化率方面差异较大，因此，从相对目标和绝对目标双重视角对各样本省（自治区、直辖市）的碳减排目标实现情况进行探讨。其中，相对目标是指各省 2021 年碳排放强度较 2005

年是否降低60%（约束目标），绝对目标是指各省2021年碳排放强度是否低于1 389.422千克/万元（减排最低目标）。

2021年我国各省域碳减排目标实现情况如表3-8所示。

表3-8 我国省域碳排放强度及2030年碳减排目标实现情况

省份	碳排放强度（千克/万元）		变化率（%）	2030年减排目标	
	2005年	2021年		相对目标	绝对目标
北京	1 761.651 1	554.919	−68.50	已经实现	已经实现
天津	3 941.172 3	1 796.363	−54.42	接近实现	差距较大
河北	5 617.751 3	2 834.785	−49.54	接近实现	差距较大
山西	10 751.455	7 148.918	−33.51	差距较大	差距较大
内蒙古	7 181.964 6	5 638.271	−21.49	差距较大	差距较大
辽宁	7 143.043 7	4 295.912	−39.86	差距较大	差距较大
吉林	6 126.585 3	2 362.836	−61.43	已经实现	差距较大
黑龙江	5 164.046 4	2 440.102	−52.75	接近实现	差距较大
上海	2 748.988 3	956.356	−65.21	已经实现	已经实现
江苏	2 408.749 7	1 067.004	−55.70	接近实现	已经实现
浙江	2 307.074 8	1 208.296	−47.63	接近实现	已经实现
安徽	2 915.054 1	1 493.909	−48.75	接近实现	接近实现
福建	1 956.446 4	1 166.806	−40.36	差距较大	已经实现
江西	2 701.292 9	1 149.554	−57.44	接近实现	已经实现
山东	4 049.073 2	2 608.913	−35.57	差距较大	差距较大
河南	3 445.162 7	1 120.002	−67.49	已经实现	已经实现
湖北	3 410.945 5	1 297.479	−61.96	已经实现	已经实现
湖南	3 140.004 8	1 004.145	−68.02	已经实现	已经实现
广东	1 916.882 5	973.133	−49.23	接近实现	已经实现
广西	2 468.857 6	1 972.582	−20.10	差距较大	差距较大
海南	2 040.617	2 569.023	25.89	差距较大	差距较大
重庆	2 329.477 7	812.949	−65.10	已经实现	已经实现
四川	2 692.347 9	1 042.142	−61.29	已经实现	已经实现
贵州	7 365.569 3	2 512.954	−65.88	已经实现	差距较大
云南	4 275.597 9	1 616.989	−62.18	已经实现	接近实现
陕西	4 444.272 5	2 821.200	−36.52	差距较大	差距较大
甘肃	6 991.049 7	3 080.486	−55.94	接近实现	差距较大
青海	4 676.470 7	3 182.931	−31.94	差距较大	差距较大
宁夏	10 512.187	12 117.881	15.27	差距较大	差距较大
新疆	6 595.707 4	6 365.038	−3.50	差距较大	差距较大

为了更好地展开分析，通过矩阵构建对30个样本省（自治区、直辖市）2030年相对目标和绝对目标进行聚类分组。具体的聚类原则：将相对目标分为三个等级，碳排放强度变化率（碳减排力度）大于等于60%，表示相对目标已经实现；碳排放强度变化率介于45%～60%之间，表示相对目标接近实现；碳排放强度变化率小于等于45%表示距离相对目标差距较大。同样，将绝对目标也分为三个等级，2021年碳排放强度小于等于1 389.443千克/万元，表示绝对目标已经实现；碳排放强度介于1 389.443～1 689.422千克/万元之间，表示绝对目标接近实现；碳排放强度大于等于1 589.422千克/万元，表示距离绝对目标差距较大。基于相对目标和绝对目标等级划分，将我国30个样本省（自治区、直辖市）进行划分，具体划分结果如图3-9所示。

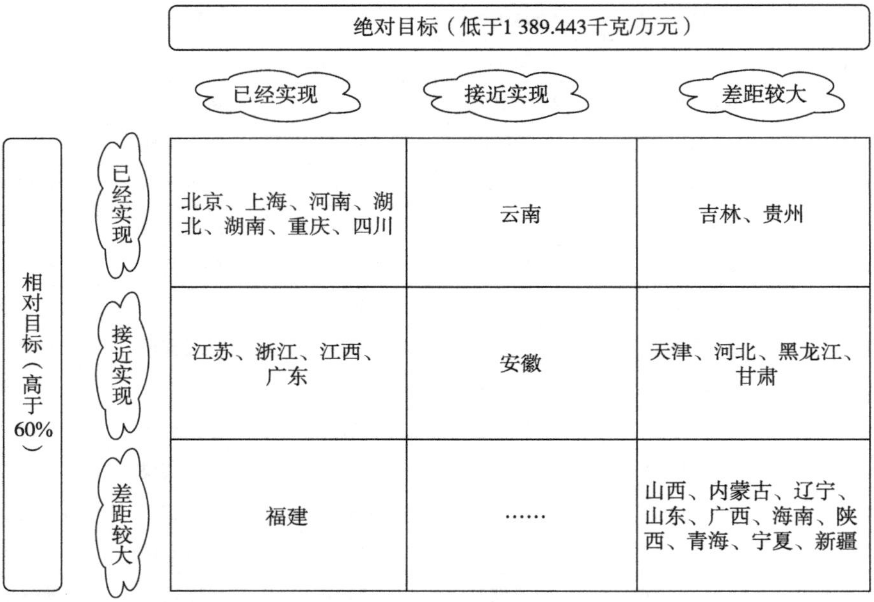

	绝对目标（低于1 389.443千克/万元）		
	已经实现	接近实现	差距较大
相对目标（高于60%） 已经实现	北京、上海、河南、湖北、湖南、重庆、四川	云南	吉林、贵州
接近实现	江苏、浙江、江西、广东	安徽	天津、河北、黑龙江、甘肃
差距较大	福建	……	山西、内蒙古、辽宁、山东、广西、海南、陕西、青海、宁夏、新疆

图3-9　2021年30个样本省（自治区、直辖市）碳减排成效聚类划分结果

从图3-9中可以看出，北京、上海、河南、湖北、湖南、重庆和四川等7个省份碳减排的相对目标和绝对目标均已实现；江苏、浙江、江西和广东等4个省份的碳减排相对目标接近实现而绝对目标已经实现；福建虽然碳减排的相对目标差距较大，但绝对目标已经实现；云南碳减排的相对目标已经实现而绝对目标接近实现；安徽省碳减排的相对目标和绝对目标均接近实现。上述14个省份的碳减排工作开展较好，虽然有部分省份的相对目标差距较大，但绝对目标已经实现或者接近实现，若依照当前的碳减排速度应均能实现2030年碳排放强度低于1 389.422千克/万元的

碳减排目标。相反，剩余16个省份的碳减排还有很大的提升空间，虽然有部分省份的相对目标已经实现或者接近实现，但绝对目标差距较大，若维持当前的碳减排速度可能均无法实现2030年碳排放强度低于1 389.422千克/万元的碳减排目标。因此，将该16个省份暂定为碳减排的“后进省区”。

3.6.2　碳减排“后进省区”识别

为了更准确地甄别碳减排“后进省区”，进一步考察“暂定后进省区”能否完成2030年减排目标。首先，计算出16个省（自治区、直辖市）2005—2021年碳排放强度的年均降速。其次，基于年均降速估算达到2030年最低碳减排目标所需时间，进而判断具体实现的年份，将未在规定时间完成碳减排目标的省（自治区、直辖市）确定为最终的碳减排“后进省区”。最后，得出各省完成碳减排目标的时间如表3-9所示。

表3-9　碳减排“后进省区”筛选与确定

省份	碳排放强度（千克/万元）			达到2030年减排目标		是否为“后进省区”
	2005年	2021年	均速	所需时间（年）	实现年份	
天津	3 941.172	1 796.363	-4.79%	6	2027	否
吉林	6 126.585	2 362.836	-5.78%	9	2030	否
贵州	7 365.569	2 512.954	-6.50%	9	2030	否
河北	5 617.751	2 834.785	-4.18%	17	2038	是
山西	10 751.455	7 148.918	-2.52%	65	2086	是
内蒙古	7 181.965	5 638.271	-1.50%	93	2114	是
辽宁	7 143.044	4 295.912	-3.13%	36	2057	是
黑龙江	5 164.046	2 440.102	-4.58%	13	2034	是
山东	4 049.073	2 608.913	-2.71%	23	2044	是
广西	2 468.858	1 972.582	-1.39%	25	2046	是
海南	2 040.617	2 569.023	1.45%			是
陕西	4 444.273	2 821.200	-2.80%	25	2046	是
甘肃	6 991.050	3 080.486	-4.99%	16	2037	是
青海	4 676.471	3 182.931	-2.38%	35	2056	是
宁夏	10 512.187	12 117.881	0.89%			是
新疆	6 595.707	6 365.038	-0.22%	685	2706	是

从表3-9可以看出，16个省（自治区、直辖市）2030减排目标的预期实现时间表现出了较大的差异，天津、吉林和贵州在2030年之前或2030年就可以实现碳减排目标，因此可将它们从暂定的减排"后进省区"队伍中剔除；同时，河北、山西、内蒙古、辽宁、黑龙江、山东、广西、陕西、甘肃、青海、新疆依照现有速度可能无法按时完成2030碳减排目标，而海南和宁夏碳排放强度处于上升趋势，将无法实现碳减排目标，因此可将它们确定为最终的碳减排"后进省区"，其余省（自治区、直辖市）为碳减排"前进省区"。

从地区分布来看，河北、辽宁、黑龙江、山东和海南位于我国的东部或东北部，前4个省份的产业结构均偏向于重工业，能源消耗相对较高，清洁能源占比较低，导致碳排放量相对较高；而海南过去主要依赖农业和旅游业，工业发展水平较低，资源循环利用低效，导致碳排放量相对较高。山西位于我国的中部，该省份矿产资源禀赋，高耗能行业集中；同时，山西的产业结构也偏向于重工业，轻工业相对薄弱，导致碳排放量相对较高。其余7个省份位于我国西部地区，受地理位置、自然环境、人口规模、资金投入等因素的影响，生产模式相对落后，产业结构失衡，能源循环利用较低，经济发展水平较差，导致碳排放量相对较高。

3.7　本章小结

从全国来看，我国碳排放总量总体呈现上升趋势，而碳排放强度总体呈现下降趋势。与2005年相比，我国30个样本省份碳排放总量均呈现不同程度的增加，其中，海南、宁夏、新疆、内蒙古和广西的增幅排在前五位，黑龙江、河南、吉林、上海和北京的增幅排在后五位。就碳排放强度而言，与2005年相比，除海南和宁夏的碳排放强度处于增长态势之外，其他28个省（自治区、直辖市）的碳排放强度均处于下降态势。

分析30个省（自治区、直辖市）碳排放强度空间关联网络特征可知，从2005年到2021年，我国碳排放强度空间关联网络呈现出显著的变化，随着时间的推移，网络密集程度逐步提升，样本省份在碳排放强度方面的相互影响日益广泛和深入。从整体网络相关指标来看，从2005年到2021年，网络结构逐渐成熟稳定，网络连通性不断加强，网络层级结构由弱变强，北京、上海、广东、江苏等经济技术发达的省份在碳排放管理上占据核心地位。从个体网络相关指标来看，东部地区处于碳排放强度空间关联网络的核心地位，在碳排放的管理上起到引领和协调的作用；中部地区随着战略推进，其在区域碳排放协调中的作用正在逐渐提升；西部地区在碳排放强度网络中的参与度和影响都比较弱；东北地区在点度中心度和中介中心度方面有一定的表现，但接近中心度较低。从块模型分析来看，板块一和板块二作为净溢出板块，板块三为净受益板块，板块四为经纪人板块。各个板块在碳排放强度上各有特点，板块一、板块二、板块四以及板块三自身都对板块三有溢出效应，板块一与板块四之间有相互的溢出效应，而板块二只对板块三有溢出效应。

由传统马尔可夫链的结果可知，碳排放强度水平四个等级间较为稳定，存在"俱乐部趋同现象"，并且，低水平趋同和高水平趋同的俱乐部现象更为明显。空间马尔可夫链与传统马尔可夫链结果比较发现，不同水平省份跃迁的概率有所不同，不同空间滞后类型下存在不同的转移概率矩阵，基于不同空间滞后类型背景下的碳排放强度存在显著的空间溢出效应。

根据识别标准，河北、山西、内蒙古、辽宁、黑龙江、山东、广西、陕西、甘肃、青海、新疆、宁夏、海南被划入碳减排"后进省区"；北京、上海、河南、湖北、湖南、重庆、四川、江苏、浙江、江西、广东、福建、云南、安徽、天津、吉林和贵州被划入碳减排"前进省区"。

4 数字经济发展水平多维测度与特征分析

4.1 数字经济发展水平指标体系构建

4.1.1 指标体系构建原则

（1）科学性原则

指标的选取与设计必须基于科学依据，确保能够客观、真实地反映数字经济的本质特征与发展规律。一方面，要依据相关经济理论、数字技术原理以及行业发展实践经验来确定指标。另一方面，指标的计算方法、数据来源等都应科学合理，保证数据的准确性与可靠性。数据来源要具有权威性，如政府统计部门、专业行业机构等发布的数据。同时，要对数据进行严格的质量审核。

（2）系统性原则

数字经济指标体系需呈现出严谨的逻辑架构。各个指标并非孤立存在，应从多维度反映数字经济系统的关键特征与运行状态。同时，这些指标要能够揭示数字经济内部各子系统之间，以及数字经济与整体经济、社会系统之间的内在关联。整个指标体系具有清晰的层次性，自上而下层层深入，共同构建起一个有机统一的整体，全面且系统地对数字经济进行评价。

（3）全面性原则

指标体系需全方位涵盖数字经济的各个关键领域。从数字基础设施，到数字产业发展；从数字技术创新，到数字经济与传统产业的融合程度。只有全面覆盖，才能避免评价的片面性，完整呈现数字经济发展的全貌。

（4）客观性原则

指标遴选应建立在大数据验证基础上，重点考量三个维度：数据源的权威性，即优先采用国家统计体系认证指标；区域适配性，即结合各省发展阶段差异化配置；测量稳定性，即排除主观性过强的软性指标。数据采集必须依托官方统计平台，建立跨部门校验机制，对于特殊指标需构建替代性观测方案。

（5）可操作性原则

构建的指标体系应具有现实可操作性，即能够在实际工作中切实可行地进行数据收集与分析。指标所涉及的数据应易于获取，可通过现有的统计渠道、调查方法等进行收集。同时，指标的计算方法应简单易行，避免过于复杂的数学模型与计算过程，以降低数据处理的难度与成本。此外，指标体系要与现行的统计制度、政策法规等相衔接，以便于在实际工作中推广应用。

4.1.2　数字经济发展水平指标体系构建

目前，数字经济发展水平的测算方法主要包括三大类，一是用数字经济发展指数表征数字经济发展水平，主要包括赛迪的数字经济发展指数（DEDI）、腾讯研究院发布的"互联网＋"指数、阿里研究院与毕马威联合公布的2018年全球数字经济指数在内的数字经济指数。二是构建数字经济发展指标体系。赵涛等（2020）从互联网发展和数字普惠金融两个维度构建数字经济综合发展水平评价指标体系[47]；韩兆安等（2021）从数字经济的生产、分配、交换和消费四部分构建数字经济评价体系[260]；徐维祥等（2022）从数字基础设施、数字产业发展、数字创新能力以及数字普惠金融四个维度搭建了数字经济综合指标体系[190]。三是指标代替法[24]。庞磊、阳晓伟（2024）采用数字产业化和产业数字化增加值总额占GDP的比重衡量数字经济[261]。当前学术界在数字经济测算方法论层面呈现多元探索态势，尽管尚未建立标准化统一的测量框架，但现有差异化测算方法已为后续实证分析夯实了基础。

数字经济发展每个维度的指标都蕴藏着数字经济的重要信息[55]。如果只是单看某个指标或者某个方面，就会造成对数字经济发展产生片面化的认识。国家统计局于2021年发布了《数字经济及其核心产业统计分类（2021）》，使数字经济有了一个更明确的分类标准，即将数字经济划分为数字产业化和产业数字化两大块。同时，为了综合考虑数据的科学性、全面性以及其获取的可行性，本书在此基础上又增加了两个维度——数字经济的基础设施和创新能力。从以上四个维度构建数字经济发展水平的多维综合评价指标体系，该指标体系共包括4个二级指标、19个三级指标，具体指标体系见表4-1。

表 4-1　数字经济发展水平指标评价体系

一级指标	二级指标	三级指标	单位	指标属性
数字经济	数字经济基础设施	移动电话普及率	部/百人	+
		互联网宽带接入端口域名数	万个	+
		长途光缆线路长度	公里	+
		移动电话基站数	个	+

续 表

一级指标	二级指标	三级指标	单位	指标属性
数字经济	产业数字化	工业增加值	亿元	+
		规模以上工业企业新产品销售收入占工业企业主营业务收入的比重	/	+
		规模以上工业企业技术引进经费支出	万元	+
		农林牧渔业总产值	亿元	+
		农村用电量	亿千瓦时	+
		第三产业增加值	亿元	+
		社会消费品零售总额	亿元	+
		快递业务量	万件	+
	数字产业化	通信设备、计算机及其电子设备制造业主营业务收入	亿元	+
		电信业务总量	亿元	+
		软件业务收入	亿元	+
		信息技术服务收入	亿元	+
	数字创新能力	R&D人员全时当量	人年	+
		R&D内部经费支出	万元	+
		技术专利申请数量	个	+

具体指标解释如下。

（1）数字经济基础设施建设

数字经济发展的基础是数字经济基础设施建设，先进的网络基础设施为数字产业的繁荣奠定了基础。数字经济基础设施建设营造了良好的创新环境，为经济结构优化升级和经济增长注入新的动力；数字经济基础设施极大地缩短了经济活动中的时空距离，促进了整个经济体系资源配置效率的提升。本书围绕数字经济基础设施，选取移动电话普及率、互联网宽带接入端口域名数、长途光缆线路长度，以及移动电话基站数四个指标反映数字经济基础设施建设。

（2）产业数字化

产业数字化是指在云计算、大数据、物联网、人工智能、区块链等新一代数字技术快速发展的背景下，传统产业利用数字技术进行全方位、全链条的改造与升级过程。产业数字化是将数字技术与传统产业深度融合，重塑产业的生产方式、管理模式、商业模式以及产业生态，推动传统产业向数字化、智能化、绿色化方向转型，实现产业的高质量发展与竞争力提升。产业数字化通过将数字技术深度融入传统产业，大幅提升产业生产效率与经济效益，成为数字经济增长的重要驱动力。本书借鉴杨慧梅和江璐（2021）[262]、谢云飞（2022）[176]的做法，从工业、农业以及第三产业三个维度反映产业数字化。本书选用工业增加值、规模以上工业企业新产品销售收入占工业企业主营业务收入的比重、规模以上工业企业技术引进经费支出这三个指标衡量工业数字化；选取农林牧渔业总产值和农村用电量这两个指标评估农业数字化的发展；选用第三产业增加值、社会消费品零售总额和快递业务量这三个指标反映第三产业数字化程度。

（3）数字产业化

数字产业化是数字经济的基石，为数字经济发展提供了强大的数据支撑；数字产业化不断催生新的产业形态与商业模式，极大地拓展了数字经济的业务范围与市场空间，持续拓展数字经济的边界。数字产业的快速发展不仅直接创造大量的GDP，还通过产业关联效应带动其他产业发展。因此，数字产业化成为数字经济发展的重要驱动力。本书参考谢云飞（2022）[176]的研究思路，从四个方面对数字产业化维度进行表征，具体包括计算机通信和其他电子设备制造业规模、电信业规模、软件业规模以及信息服务业规模。本书选用通信设备、计算机及其电子设备制造业主营业务收入作为量化指标表征计算机通信和其他电子设备制造业规模；选用电信业务总量作为表征指标评估电信业规模；选取软件业务收入作为关键指标刻画软件业规模；选用信息技术服务收入作为表征指标衡量信息服务业规模。

（4）数字创新能力

数字创新能力推动着前沿技术的持续突破。在新一轮科技革命的浪潮中，数字经济迅猛发展，以大数据、云计算、物联网、人工智能等为典型代表的技术革新呈现出蓬勃向上的发展态势。科技创新能力在很大程度上决定了数字经济发展所能达到的高度，是衡量数字经济发展水平的关键指标之一。基于此，本书参考相关研究，选取 R&D 人员全时当量、R&D 内部经费支出以及技术专利申请数量这三个指标，作为衡量数字创新能力的三级指标，以此来深入探究数字经济发展背后的创新驱动因素。

变量的描述性统计分析如表 4-2 所示。

表 4-2　变量的描述统计分析

变量名称	类型	平均值	标准差	最小值	最大值
移动电话普及率	整体	84.94	34.54	13.00	189.46
	组间		20.13	59.70	148.65
	组内		28.29	−13.91	130.99
互联网宽带接入端口域名数	整体	1 603.91	1 702.80	15.40	9 333.74
	组间		1 083.61	183.40	4 509.69
	组内		1 327.43	−2 179.88	6 427.96
长途光缆线路长度	整体	29 693.2	17 387.54	803.00	125 361.20
	组间		16 182.21	2 623.99	70 562.17
	组内		6 975.89	−672.69	84 492.20
移动电话基站数	整体	16.71	13.23	1.18	90.49
	组间		9.88	2.72	45.90
	组内		8.97	−7.31	61.29
工业增加值	整体	8 147.42	7 780.25	217.55	45 142.95
	组间		7 035.55	465.74	28 159.20
	组内		3 547.31	−7 511.57	26 376.14
规模以上工业企业新产品销售收入占工业企业主营业务收入的比重	整体	0.14	0.16	0.003	3.10
	组间		0.08	0.04	0.30
	组内		0.14	−0.09	2.85
规模以上工业企业技术引进经费支出	整体	147 235.80	259 585.30	6.00	2 111 485.00
	组间		231 385.20	807.09	980 574.60
	组内		124 587.20	−284 474.10	1 278 146.00
农林牧渔业总产值	整体	3 148.51	2 583.77	21.25	27 111.10
	组间		2 043.35	290.02	7 988.32
	组内		1 622.15	−783.24	27 147.18
农村用电量	整体	265.85	394.32	3.20	2 011.00
	组间		384.93	5.19	1 664.16
	组内		109.35	−386.51	686.01
第三产业增加值	整体	10 372.09	10 723.51	240.78	69 146.80
	组间		8 301.96	862.24	35 216.55
	组内		6 944.74	−13 648.93	44 302.33
社会消费品零售总额	整体	8 342.45	8 094.09	183.95	44 187.71
	组间		6 498.46	585.77	26 548.11
	组内		4 960.52	−9 186.44	27 655.40

变量名称	类型	平均值	标准差	最小值	最大值
快递业务量	整体	91 158.99	268 660.10	54.68	2 945 750
	组间		157 417.80	957.62	708 088.60
	组内		219 485.50	−612 779.50	2 328 820
通信设备、计算机及其电子设备制造业主营业务收入	整体	2 721.86	5 948.22	0.70	46 395.14
	组间		5 544.98	10.10	27 728.50
	组内		2 365.90	−13 244.35	21 388.50
电信业务总量	整体	1 166.95	1 621.71	37.94	15 025.30
	组间		835.91	182.31	4 412.91
	组内		1 397.53	−1 628.80	11 779.34
软件业务收入	整体	1 523.55	2 585.85	0.27	20 382.10
	组间		2 247.12	1.25	7 635.85
	组内		1 340.04	−2 076.23	14 629.31
信息技术服务收入	整体	1 000.54	1 651.89	0.36	14 522.23
	组间		1 445.41	1.27	5 292.79
	组内		839.63	−1 349.53	10 229.98
R&D人员全时当量	整体	115 010	139 394.10	1 209.00	88 547.70
	组间		123 888.10	4 400.39	501 968.30
	组内		67 550.59	−239 725.30	498 289.40
R&D内部经费支出	整体	4 332 331	5 916 071	21 044	4.00×10^{7}
	组间		4 699 621	132 387.10	1.72×10^{7}
	组内		3 688 509	−9 708 702	2.72×10^{7}
技术专利申请数量	整体	81 249.21	133 765.80	325.00	980 634.00
	组间		105 721.50	2 446.75	411 437.80
	组内		84 061.17	−271 342.10	650 445.50

4.2 数据来源与说明

选用 2006—2021 年我国 30 个省（自治区、直辖市）（由于西藏、港澳台地区缺失数据，因此，不在研究范围之内）面板数据为研究样本。各指标数据来源于历年《中国统计年鉴》《中国科技年鉴》《中国工业经济统计年鉴》《中国农村统计年鉴》，以及 30 个样本省份历年统计年鉴。对于部分省份出现的个别数据缺失情况，用其平均值的方式进行补充；个别省份连续缺失的年份数据，采用插值法进行填补，以此确保数据的完整性与科学性，为后续分析奠定坚实的数据基础。

4.3 数字经济发展水平多维测度

4.3.1 面板熵值法介绍

在测度综合性指标时，采用合理的方法确定各指标权重是测度的关键环节。权重的测算方法大致分为两大类：一是主观赋权法，典型的有专家咨询法和 AHP 等。主观赋权法由于受主观因素影响较大，其结果的可信度与精确度可能欠佳。二是客观赋权法，主成分分析法、因子分析法以及熵值法等均属于客观赋权法。与主观赋权法相比，客观赋权法完全依据数据本身的特征来确定权重，避免了人为因素的干扰，使得评价结果更具客观性和科学性。熵值法是一种客观赋权法，源于信息论中的熵概念。在信息论中，熵是对不确定性或无序程度的度量。在多指标评价体系里，熵值法通过计算各指标数据的变异程度来确定指标权重。但是，熵值法存在局限性，仅适用于对截面数据的综合评价。而本书的研究样本为面板数据，若直接运用传统熵值法进行测算，结果缺乏可靠性。鉴于此，本书采用面板熵值法测算各维度指标权重，进而测算我国省域数字经济发展水平。

面板熵值法是在传统熵值法的基础上，针对面板数据特点所设计的一种客观赋权方法。面板数据同时包含了多个个体在多个时间点上的观测值，相较于单纯的横截面数据或时间序列数据，能提供更丰富的信息，反映个体间以及随时间的变化情况。面板熵值法通过对面板数据中各指标的信息熵进行计算，来确定不同指标在综合评价中的权重。

面板熵值法的具体计算步骤如下。

（1）指标标准化处理

由于各项指标原始数据的度量单位不同，各指标间缺乏可比性，测算结果极易受到极端值的影响。因此，首要任务是对数据进行标准化处理。数据标准化能够有效消除因指标单位、数量级差异所带来的影响，进而让评价结果更具科学性与合理性。

在综合指标评价体系里，指标通常包括正向指标（即效益型属性）和负向指标（即成本型属性）两种。正向（效益型）指标数值越大，或者负向（成本型）指标数值越小，代表指标属性越优。由于正向指标与负向指标在规范化公式上有显著区别，为彻底消除量纲对测算结果的影响，本研究特别选用极差正规化方法对原始数据进行归一化处理。

具体的归一化计算公式见（4-1）和式（4-2）：

$$Y_{\theta ij} = \frac{X_{\theta ij} - \min(X_{\theta ij})}{\max(X_{\theta ij}) - \min(X_{\theta ij})} \quad （正向指标） \tag{4-1}$$

$$Y_{\theta ij} = \frac{\max(X_{\theta ij}) - X_{\theta ij}}{\max(X_{\theta ij}) - \min(X_{\theta ij})} \quad （负向指标） \tag{4-2}$$

式中，$X_{\theta ij}$ 为 θ 年省份 i 的第 j 个指标值，$\max(X_{\theta ij})$ 表示 θ 年省份 i 的第 j 个指标的最大值，$\min(X_{\theta ij})$ 表示 θ 年省份 i 的第 j 个指标的最小值，$Y_{\theta ij}$ 表示为标准化后的指标数值。

（2）指标比重测算

计算第 i 个省份第 j 个指标所占比重 $p_{\theta ij}$，计算公式为：

$$p_{\theta ij} = \frac{Y_{\theta ij}}{\sum_{\theta=1}^{m}\sum_{i=1}^{n} Y_{ij}}, \ (i=1,2,\cdots,n; \ \theta=1,2,\cdots,m) \tag{4-3}$$

（3）信息熵测算

根据信息论中信息熵的定义，计算第 j 个指标的信息熵 E_j：

$$E_j = -k\sum_{\theta=1}^{m}\sum_{i=1}^{n}\left[p_{\theta ij}\ln(p_{\theta ij})\right], \ 其中，\ k=\frac{1}{\ln(mn)} \tag{4-4}$$

（4）冗余度测算

计算第 j 个指标的冗余度 D_j，计算公式为：

$$D_j = 1 - E_j \tag{4-5}$$

（5）权重测算

通过计算信息冗余度来计算权重 w_j：

$$w_j = \frac{D_j}{\sum_{j=1}^{z} D_j} \qquad (4-6)$$

（6）综合得分

计算得到不同年度 i 省份评价综合得分 $S_{\theta i}$，计算公式为：

$$S_{\theta i} = \sum_{j=1}^{z} w_j \times Y_{\theta ij} \qquad (4-7)$$

4.3.2 数字经济发展水平多维测度

根据有关数字经济发展水平的多维测度文献，发现有关数字经济发展水平的测算研究已取得丰厚的成果，但数字经济发展水平数据多为面板数据，采取简单的熵值法已无法满足面板数据的需求，而面板熵值法通常在大规模、多维、复杂或未知的数据集中实现，刚好解决了上述问题，因此，本书构建数字经济发展水平指标体系，采用面板熵值法测算我国 30 个样本省份数字经济发展水平。2006—2021 年我国样本省份数字经济发展水平综合得分结果如表 4-3 和表 4-4 所示。

表 4-3　2006—2013 年我国 30 个样本省份的数字经济发展水平综合得分

省份	2006 年	2007 年	2008 年	2009 年	2010 年	2011 年	2012 年	2013 年
北京	0.093 9	0.092 8	0.097 5	0.102 8	0.112 0	0.116 2	0.129 1	0.139 4
天津	0.043 7	0.046 0	0.048 0	0.042 4	0.045 6	0.049 6	0.053 9	0.058 1
河北	0.048 7	0.053 5	0.061 1	0.066 9	0.073 8	0.080 2	0.090	0.095 3
山西	0.023 5	0.025 1	0.030 1	0.031 8	0.035 1	0.037 2	0.041 0	0.045 4
内蒙古	0.019 2	0.018 9	0.025 2	0.029 3	0.037 8	0.046 5	0.042 1	0.050 7
辽宁	0.062 3	0.069 7	0.075 3	0.081 3	0.087 9	0.088 9	0.093 7	0.103 8
吉林	0.023 5	0.024 2	0.027 9	0.029 9	0.032 3	0.034 0	0.036 2	0.037 4
黑龙江	0.025 1	0.026 7	0.031 6	0.034 9	0.037 9	0.040 9	0.044 2	0.047 0
上海	0.094 0	0.104 9	0.107 9	0.110 6	0.118 8	0.121 1	0.147 4	0.159 8
江苏	0.164 4	0.186 1	0.202 4	0.216 1	0.253 6	0.284 9	0.310 7	0.334 7
浙江	0.105 9	0.115 8	0.123 6	0.129 6	0.143 4	0.154 6	0.170 9	0.187 6
安徽	0.029 7	0.031 4	0.035 3	0.038 9	0.048 4	0.053 3	0.062 1	0.069 9
福建	0.052 4	0.055 1	0.060 1	0.066 1	0.077 5	0.086 1	0.093 9	0.099 2
江西	0.021 8	0.024 0	0.026 7	0.028 2	0.031 5	0.034 5	0.038 1	0.042 2

续　表

省份	2006年	2007年	2008年	2009年	2010年	2011年	2012年	2013年
山东	0.105 7	0.115 8	0.129 9	0.138 3	0.148 6	0.157 4	0.165 1	0.184 8
河南	0.046 2	0.052 1	0.061 1	0.065 8	0.074 1	0.079 9	0.088 9	0.101 0
湖北	0.041 7	0.045 6	0.050 6	0.056 9	0.062 4	0.067 7	0.078 3	0.084 9
湖南	0.034 3	0.036 9	0.041 7	0.046 6	0.052 7	0.058 7	0.065 8	0.072 9
广东	0.206 5	0.226 8	0.239 4	0.252 1	0.274 7	0.287 7	0.310 9	0.336 6
广西	0.043 2	0.024 2	0.027 4	0.029 7	0.033 1	0.036 0	0.039 8	0.044 2
海南	0.006 5	0.006 7	0.008 7	0.007 4	0.009 6	0.010 5	0.012 2	0.013 4
重庆	0.031 3	0.031 6	0.032 7	0.035 7	0.040 1	0.043 8	0.048 8	0.057 7
四川	0.056 7	0.063 4	0.068 9	0.076 1	0.078 2	0.083 3	0.098 3	0.105 1
贵州	0.014 4	0.016 3	0.017 9	0.019 2	0.021 3	0.024 3	0.026 7	0.029 9
云南	0.020 6	0.022 7	0.025 9	0.027 6	0.030 2	0.032 6	0.036 4	0.039 9
陕西	0.036 4	0.038 3	0.040 9	0.043 6	0.048 9	0.052 5	0.054 4	0.061 4
甘肃	0.014 4	0.016 0	0.017 6	0.019 8	0.021 5	0.022 7	0.025 5	0.027 4
青海	0.005 1	0.004 3	0.007 7	0.008 9	0.010 8	0.011 6	0.013 9	0.014 1
宁夏	0.008 7	0.009 4	0.012 7	0.009 1	0.010 1	0.011 1	0.012 3	0.012 8
新疆	0.016 1	0.017 8	0.020 6	0.021 8	0.024 7	0.026 2	0.029 6	0.032 6

表4-4　2014—2021年我国30个样本省份的数字经济发展水平综合得分

省份	2014年	2015年	2016年	2017年	2018年	2019年	2020年	2021年
北京	0.139 2	0.161 2	0.176 3	0.192 4	0.219 2	0.254 9	0.289 5	0.330 8
天津	0.062 9	0.066 6	0.071 1	0.068 5	0.073 6	0.078 5	0.087 6	0.089 4
河北	0.102 4	0.109 0	0.120 0	0.131 9	0.136 4	0.154 4	0.169 9	0.167 2
山西	0.046 3	0.049 4	0.052 6	0.058 9	0.065 4	0.072 7	0.080 6	0.079 2
内蒙古	0.053 1	0.054 2	0.056 9	0.056 6	0.061 7	0.067 2	0.070 3	0.069 6
辽宁	0.112 2	0.115 4	0.106 9	0.114 6	0.110 8	0.117 5	0.123 9	0.118 2
吉林	0.041 4	0.053 1	0.050 4	0.053 7	0.053 6	0.073 3	0.069 3	0.076 6
黑龙江	0.050 9	0.053 7	0.058 2	0.061 2	0.063 0	0.067 3	0.071 1	0.068 5
上海	0.165 8	0.171 5	0.216 9	0.218 4	0.255 9	0.276 7	0.280 3	0.313 3
江苏	0.351 3	0.378 8	0.414 4	0.439 7	0.480 7	0.514 0	0.557 0	0.581 0
浙江	0.202 1	0.236 0	0.261 3	0.290 0	0.337 3	0.380 3	0.401 3	0.441 3

省份	2014年	2015年	2016年	2017年	2018年	2019年	2020年	2021年
安徽	0.077 4	0.092 4	0.103 7	0.115 9	0.132 5	0.151 3	0.169 6	0.171 2
福建	0.109 3	0.121 0	0.133 9	0.149 3	0.168 6	0.183 1	0.188 4	0.193 0
江西	0.048 3	0.057 6	0.066 3	0.073 7	0.085 2	0.101 7	0.113 5	0.112 6
山东	0.201 9	0.225 3	0.244 2	0.258 0	0.270 0	0.291 3	0.317 5	0.340 2
河南	0.111 1	0.126 8	0.140 0	0.154 4	0.173 7	0.196 1	0.217 3	0.213 0
湖北	0.095 6	0.109 6	0.121 2	0.132 9	0.149 8	0.170 6	0.173 1	0.183 2
湖南	0.080 9	0.091 0	0.100 7	0.111 6	0.125 6	0.148 0	0.163 5	0.160 2
广东	0.368 8	0.423 5	0.493 4	0.543 6	0.658 8	0.716 3	0.811 3	0.822 8
广西	0.050 1	0.056 9	0.064 1	0.068 6	0.078 6	0.093 3	0.104 3	0.097 2
海南	0.014 5	0.016 4	0.018 3	0.020 4	0.024 3	0.028 2	0.028 7	0.028 5
重庆	0.067 2	0.078 7	0.086 2	0.095 5	0.100 0	0.110 5	0.124 4	0.155 1
四川	0.116 8	0.130 9	0.145 9	0.167 3	0.190 5	0.224 5	0.252 6	0.247 8
贵州	0.034 7	0.041 1	0.046 7	0.055 5	0.066 0	0.077 8	0.085 4	0.075 0
云南	0.044 3	0.051 2	0.057 8	0.064 9	0.077 1	0.094 0	0.104 4	0.093 5
陕西	0.067 7	0.075 5	0.081 6	0.094 2	0.106 9	0.125 9	0.135 2	0.133 8
甘肃	0.028 9	0.032 0	0.034 0	0.038 2	0.043 7	0.050 1	0.054 4	0.050 0
青海	0.015 5	0.016 3	0.017 5	0.019 4	0.021 4	0.023 0	0.024 8	0.021 9
宁夏	0.015 2	0.022 1	0.016 1	0.019 1	0.022 3	0.023 2	0.024 7	0.023 9
新疆	0.034 4	0.037 5	0.041 5	0.044 9	0.051 9	0.059 5	0.065 3	0.060 6

4.4　数字经济发展水平空间异质性分析

为了全面了解2006—2021年我国30个样本省份（西藏、港澳台地区除外）数字经济发展水平，使我国省域数字经济发展水平差异更加明显，将各省份数字经济发展水平得分按数值大小进行划分，高水平区为（0.3，0.9）、较高水平区为（0.2，0.3]、中等水平区为（0.1，0.2]、较低水平区为（0.05，0.1]、低水平区为（0，0.05]。

4.4.1 "全域范围"空间异质性分析

2006年至2021年间我国数字经济发展水平从整体上看逐年提高，其原因可能为信息技术的进步、政策的支持、市场需求的变化、创新创业的推动以及可持续发展的要求。本研究为分析数字经济发展水平的差异性，绘制了2006—2021年我国省域数字经济发展水平分布图，如图4-1所示。

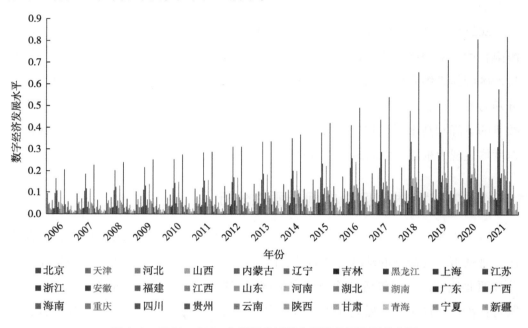

图 4-1　2006—2021 年我国省域数字经济发展水平分布图

2006年，我国数字经济处在发展初期，全域内无高水平和较高水平发展区域，且整体呈现出东部地区相对领先，中西部和东北地区相对滞后的总体格局。其中中等水平区均为东部沿海省份，分别为山东省、江苏省和广东省；而较低水平区和低水平区主要分布在中西部地区，较低水平区有5个省市，分别为北京市、上海市、辽宁省、浙江省和四川省，除上述省区市外，我国其他省区市均为低水平区，多达22个，说明此时我国数字经济发展水平整体较低。

2010年左右，我国数字经济发展水平与2006年相比已经有了明显的提升，但整体仍呈现东部地区相对领先，中西部和东北地区相对滞后的总体格局。其中，江苏省和广东省由中等水平区变为较高水平区；北京市、上海市和浙江省由较低水平区变为中等水平区；河北省、河南省和湖北省由低水平区变为较低水平区；其余19个省份仍为低水平区。

2015年左右，华东地区①和华中地区数字经济发展水平有了质的提升，低水平区省市数量明显减少，江苏省和广东省由较高水平区转变为高水平区，引领全国数字经济发展；山东省和浙江省由中等水平区转变为较高水平区，紧随其后；辽宁省、河南省、湖北省、四川省和福建省由较低水平区转变为中等水平区；天津市、重庆市、陕西省、安徽省、江西省、湖南省和广西壮族自治区由低水平区转变为较低水平区。

2021年，我国30个样本中只有4个省份为低水平区，分别是甘肃省、青海省、海南省和宁夏回族自治区；云南省、贵州省、山西省、黑龙江省、吉林省、内蒙古自治区和新疆维吾尔自治区由低水平区转变为较低水平区；6个省市处于高水平区，分别为北京市、上海市、山东省、江苏省、浙江省和广东省，实现了低水平区省市数量的下降和高水平区省市数量的上升。从整体上看，我国数字经济发展的现状和速度均表现为东部＞中部＞东北＞西部，南方＞北方。

4.4.2 "后进省区"空间异质性分析

以未在规定时间内完成碳减排目标为判定标准，确定我国30个样本省（自治区、直辖市）为最终的碳减排"后进省区"，"后进省区"主要集中在我国华北、东北和西北地区，一共包括13个省（自治区、直辖市），分别是河北省、山西省、内蒙古自治区、辽宁省、黑龙江省、山东省、广西壮族自治区、陕西省、甘肃省、青海省、新疆维吾尔自治区、海南省和宁夏回族自治区。

2006—2021年碳减排"后进省区"数字经济发展水平分布如图4-2所示。

---

① 华北地区包括：北京、天津、河北、山西、内蒙古。东北地区包括：黑龙江、吉林、辽宁。华东地区包括：山东、江苏、安徽、浙江、福建、上海、台湾。华中地区包括：河北、湖南、湖北。华南地区包括：广东、广西、海南、香港、澳门。西南地区包括：重庆、四川、贵州、云南、西藏。西北地区包括：陕西、甘肃、青海、宁夏、新疆、内蒙古西部（阿拉善、巴彦淖尔、乌海、鄂尔多斯）。

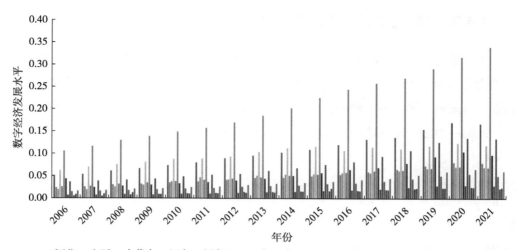

图 4-2　2006—2021 年碳减排"后进省区"数字经济发展水平

从整体来看，2006—2021 年山东省数字经济发展水平远高于其他省市，但碳减排"后进省区"各省份数字经济发展水平均不高，处于中等水平区以下的省份较多，即使到 2021 年，"后进省区"中只有山东省达到了高水平区，且其他省份数字经济发展水平仍处在中等及以下，其原因可能是地区经济发展限制技术创新、数字化人才流入，同时生产要素向高回报率地区汇聚，导致新兴产业发展得不到足够支持，并且缺乏新兴产业发展市场。

2006 年，在 13 个"后进省区"中，整体数字经济发展水平较低，只有山东省和辽宁省分别为中等水平区和较低水平区，其余 11 个省（自治区、直辖市）均为数字经济发展低水平区，占比 85%。2010 年左右，"后进省区"数字经济发展水平并没有显著提高，只有河北省由低水平区转变为较低水平区，山东省和辽宁省的数字经济发展水平保持不变，其余 10 个省份仍保持着低水平区。2015 年左右，山东省由中等水平区转变为较高水平区，提升了一个层次；辽宁省由较低水平区发展为中等水平区；陕西省和广西壮族自治区均由低水平区上升为较低水平区。2021 年，山东省由较高水平区转变为高水平区；河北省和陕西省由较低水平区发展为中等水平区；黑龙江省、陕西省、内蒙古自治区和新疆维吾尔自治区由低水平区转变为较低水平区，虽然只有一个省达到了较高水平区及以上，但是从整体上看，与之前相比许多省（自治区、直辖市）数字经济发展水平均有显著提高，其中东部地区明显高于西部地区。

4.4.3 "前进省区"空间异质性分析

"前进省区"主要集中在我国华中、华南和西南地区，一共包括17个省区市，分别为北京市、天津市、吉林省、上海市、江苏省、浙江省、安徽省、福建省、江西省、河南省、湖北省、湖南省、广东省、重庆市、四川省、贵州省、云南省。

2006—2021年碳减排"前进省区"数字经济发展水平分布如图4-3所示。

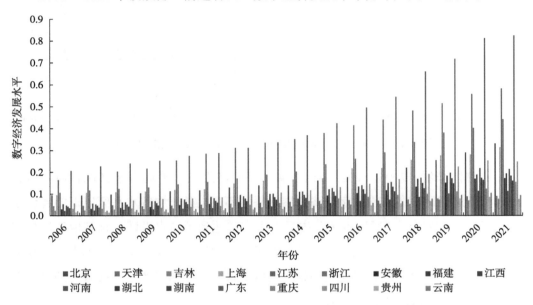

图 4-3　2006—2021 年碳减排"前进省区"数字经济发展水平分布图

相较于碳减排"后进省区"，"前进省区"数字经济发展水平明显较高，随着时间的推移，处于数字经济发展中等水平区及以上的省（自治区、直辖市）数量逐渐增多。2021年除吉林省、天津市和贵州省以外，其余"前进省区"数字经济发展水平均达到了中等及以上水平，这些都离不开各省份综合经济实力的推动、数字创新要素驱动以及数字产业结构优化等方面的促进。

2006年，江苏省和广东省数字经济发展已达中等水平，上海市、北京市、四川省和浙江省数字经济发展水平处在较低水平区，其余11个省（自治区、直辖市）均为低水平区，占比65%，远低于"后进省区"2006年处于低水平数字经济发展水平的省份占比。2010年左右，江苏省和广东省数字经济发展水平由中等水平提高到较高水平，上海市、北京市和浙江省由较低水平区变为中等水平区，而较低水平区转变为河南省、湖北省、福建省和四川省，其余8个省市仍然处于低水平区。2015年左右，"前进省区"数字经济发展水平明显提高，江苏省和广东省在这五年间迅速发展成为数字经济发展高水平阶段；河南省、湖北省、福建省和四川省由较低水平区转变为中等水平区，北京市与上海市依旧为中等水平区；天津市、湖南省、重庆市、江西省和安徽省由低水平区发展为较低水平区。相较于前几年，2021年"前进省区"各省份数字经济发展水平有着更显著的提高，除了仅有的贵州省还处于低水平区，吉林省、云南省与天津市处于较低水平区，其余省份数字经济发展水平均达到了中等及以上，其中北京市、上海市、山东省、江苏省和广东省这5个省市达到了高水平，四川省和河南省由中等水平发展为较高水平。从整体来看，受地理条件、自然环境、国家政策等因素的影响，"前进省区"的省份经济发达，产业结构多元化，科技创新能力强，数字经济发展水平有显著优势。

4.5 数字经济发展水平区域差异性分析

数字经济在国民经济中的地位进一步凸显，已成为我国国民经济发展的关键支撑和重要动力。为进一步了解2006—2021年我国30个样本省份（西藏、港澳台地区除外）数字经济发展的区域差异性，本书采用Dagum（1997）[263]提出的基尼系数分解方法，考察我国数字经济发展水平的区域差异程度。

4.5.1 Dagum 基尼系数及其分解法

Dagum基尼系数是一种用于衡量收入或财富分配不平等程度的统计指标，是在基尼系数的基础上进行改进和修正的指标，与传统基尼系数不同，Dagum基尼系数通过引入一个参数来调整基尼系数的计算，变得更具有灵活性。Dagum基尼系数将总体差异具体划分为组内差异、组间差异和超变密度三个部分，在充分考虑样本分布的基础上，有效地解决了地区差异的来源问题及地区间的交叉重叠问题，在后续研究中得到了广泛应用。为此，本书使用Dagum基尼系数及其分解方法来分析我国数字经济发展水平的区域差异及来源，具体如式（4-8）所示：

$$G = \frac{\sum_{j=1}^{k} \sum_{h=1}^{k} \sum_{i=1}^{n_j} \sum_{r=1}^{n_h} |y_{ji} - y_{hr}|}{2n^2 \mu} \tag{4-8}$$

在式（4-8）中，G 表示基尼系数，取值在[0，1]之间，数值越大表示总体差异越大，n 表示研究对象个数，j 和 h 是两个特定区域的编号，n_j 和 n_h 代表相应区域内省份数量，y_{ji}代表前进省区的数字经济发展水平，y_{hr}代表后进省区的数字经济发展水平，μ代表所有样本省份数字经济发展水平均值。Dagum（1997）[263]进一步将Dagum基尼系数分解为三个部分：区域内差异贡献（G_w）、区域间净值差异贡献（G_{nb}）和超变密度贡献（G_t），三者之间满足：$G=G_w+G_{nb}+G_t$，具体分解公式如下：

$$G_{jj} = \frac{\sum_{i=1}^{n_j} \sum_{r=1}^{n_j} \left| y_{ji} - y_{jr} \right|}{2n_j^2 \mu_j} \tag{4-9}$$

$$G_w = \sum_{j=1}^{k} G_{jj} p_j s_j \tag{4-10}$$

$$G_{jh} = \frac{\sum_{i=1}^{n_j} \sum_{r=1}^{n_h} \left| y_{ji} - y_{jr} \right|}{n_j n_h (\mu_j + \mu_h)} \tag{4-11}$$

$$G_{nb} = \sum_{j=2}^{k} \sum_{h=1}^{j-1} G_{jh}(p_j s_h + p_h s_j) D_{jh} \tag{4-12}$$

$$G_t = \sum_{j=2}^{k} \sum_{h=1}^{j-1} G_{jh}(p_j s_h + p_h s_j)(1 - D_{jh}) \tag{4-13}$$

在式（4-9）中，G_{jj}表示j区域基尼系数。G_{jh}表示j和h区域间基尼系数，$p_j = \frac{n_j}{n}$，$s_j = \frac{p_j \mu_j}{\mu}$。$D_{jh} = \frac{d_{jh} - p_{jh}}{d_{jh} + p_{jh}}$表示区域$j$和区域$h$间数字经济发展的相互影响。$d_{jh}$表示区域$j$和区域$h$间数字经济发展水平差值。$p_{jh}$为超变一阶函数。$d_{jh}$和$p_{jh}$的计算公式如式（4-14）和式（4-15）所示，在式（4-15）中，F_j为区域j数字经济发展水平的累积概率密度函数。

$$d_{jh} = \int_0^\infty dF_j(y) \int_0^y (y-x) dF_h(x) \tag{4-14}$$

$$p_{jh} = \int_0^\infty dF_h(y) \int_0^y (y-x) dF_j(x) \tag{4-15}$$

4.5.2　区域差异性分析

根据上述公式，测算得出2006—2021年我国30个样本省份数字经济发展水平基尼系数。具体测算结果如表4-5所示。

4.5.2.1　"全国范围"区域差异性分析

由表4-5可知，中国数字经济发展水平呈现出明显的区域非均衡型，2006—2021年间，全国数字经济发展差距呈现出"V"字形变化，基尼系数在0.438～0.471之间。具体而言，2006—2015年，我国数字经济发展差距逐渐减小，基尼系数从最高值0.471 3下降到0.437 5，降幅为7.17%；然而2016—2021年间，我国数字经济发展差异又逐渐增大，2021年基尼系数达到0.467 3，与2007年基本持平，表明我国数字经济发展不平衡问题再次凸显。

其原因可能是，早期，我国政府采取了一系列政策措施，旨在推动全国数字经济发展，随着"前进省区"数字经济的发展，"后进省区"也在积极追赶，这种发展模式有助于缩小我国数字经济发展差距；随着各地区产业结构的优化，一些省份通过发展高新技术产业和现代服务业，加快了数字经济的转型和发展；市场机制在资源配置中的作用日益凸显，促进了资源在不同地区间的合理流动。后期，由于"前进省区"经济发展水平较高、技术先进等原因，数字经济发展方面处于领先地位，而"后进省区"由于经济发展水平相对较低，基础设施和技术的不足，导致数字经济发展相对缓慢。同时各地区在政策支持、市场环境、产业基础等方面存在差异，这直接影响了数字经济的快速发展，从而导致我国数字经济发展差距增大。

表4-5 全国范围Dagum基尼系数及贡献率

年份	G	G_w		G_{nb}	$G_t(\%)$		
		"前进省区"	"后进省区"	前进—后进	区域内	区域间	超变密度
2006	0.456 1	0.416 1	0.442 3	0.494 6	49.05	34.93	16.02
2007	0.471 3	0.423 6	0.457 8	0.517 1	48.63	36.54	14.83
2008	0.456 1	0.415 9	0.435 3	0.496 6	48.86	35.21	15.93
2009	0.456 7	0.414 2	0.445 9	0.496 8	48.89	34.77	16.34
2010	0.452 7	0.413 9	0.430 9	0.492 2	48.92	35.34	15.74
2011	0.449 2	0.411 2	0.424 9	0.488 7	48.92	35.91	15.17
2012	0.449 2	0.407 6	0.417 8	0.494 0	48.47	37.57	13.96
2013	0.445 9	0.403 5	0.417 8	0.490 5	48.43	37.50	14.07
2014	0.440 5	0.393 9	0.419 2	0.487 3	48.16	37.98	16.87
2015	0.437 5	0.385 6	0.412 5	0.490 0	47.61	39.84	12.55
2016	0.451 4	0.399 6	0.419 0	0.509 5	47.4	41.52	11.08
2017	0.449 0	0.393 4	0.413 7	0.508 3	47.27	42.09	10.64
2018	0.456 5	0.402 6	0.395 9	0.520 2	47.09	43.97	8.94
2019	0.446 3	0.386 3	0.393 5	0.514 0	46.54	45.21	8.25
2020	0.450 6	0.391 4	0.397 5	0.517 7	46.69	45.06	8.26
2021	0.467 3	0.399 3	0.420 1	0.540 3	46.33	45.54	8.14

4.5.2.2 区域内数字经济发展差异

区域内部，数字经济发展也存在不同程度的差异。图4-4描述了2006—2021年我国数字经济发展水平区域内部差异变化情况。大体来看，我国"前进省区"与"后进省区"内部数字经济发展差距均呈下降趋势。具体而言，"前进省区"区域内基尼系数由2006年的0.416 1下降到0.403 5，"后进省区"区域内基尼系数由0.442 3下降到0.417 8。

以"前进省区"为例，尽管整体发展水平较高，但各省份之间也存在一定的差距。如广东、江苏、浙江等省份数字经济规模较大，占GDP的比重较高，数字产业化和产业数字化发展较为成熟，而一些经济发展相对薄弱的省份，数字经济的发展则相对滞后。这些省份在数字企业培育、政策导向等方面均存在差异，从而导致了区域内数字经济发展不平衡。

"后进省区"的情况也类似，虽然整体数字经济规模在不断扩大，但各省份之间的发展水平参差不齐。一些省份在传统产业数字化转型方面取得了一定的成效，数字经济发展呈现出良好态势，而一些省份因产业结构单一、创新能力不足等原因，数字经济发展相对缓慢，同时由于甘肃、青海等省份数字经济规模较小，数字技术在经济社会中的应用程度有限，数字经济发展水平亟待提升。

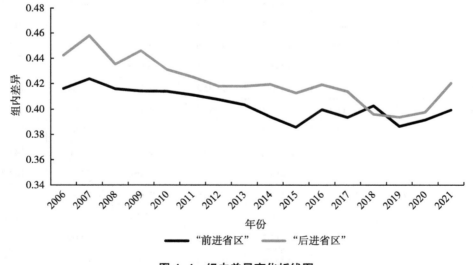

图4-4 组内差异变化折线图

4.5.2.3 区域间数字经济发展差异

图4-5描述了2006—2021年我国数字经济发展区域间差异的变化情况。由图

4-5可知，"前进省区"和"后进省区"之间数字经济发展差距先减小后逐渐扩大，2021年区域间差异达到峰值0.540 3。

从区域划分来看，"前进省区"数字经济规模和水平领先于"后进省区"。"前进省区"凭借其经济基础雄厚、科技创新能力强、人力资源丰富等优势，在数字经济发展上率先取得突破，形成了北京、上海、广东等数字经济高地。这些地区在数字产业化、数字基础设施建设等方面均处于领先地位，吸引了大量的数字企业集聚，推动力区域经济的快速发展。

相比之下，"后进省区"虽然在数字经济发展上取得一定的进展，在2015年之前逐渐缩小了与"前进省区"的差距，但在规模、质量、创新等方面与"前进省区"仍存在较大差距；同时，"后进省区"在数字基础设施建设、数字技术应用、数字人才储备等方面也面临诸多挑战，制约了数字经济的快速发展。

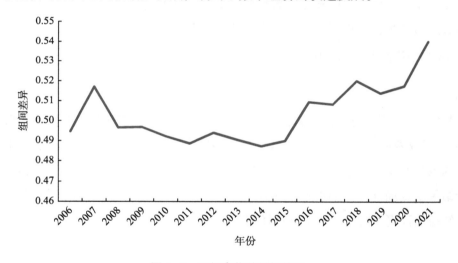

图 4-5　区间变化差异折线图

4.5.2.4　区域差异及其分解

表4-5描述了2006—2021年我国数字经济发展水平差异的来源及其贡献率。由表4-5可知，2006—2018年间，区域内差异是中国数字经济发展水平总体差异的主要来源，贡献率最大，其数值介于47.09%～49.05%，呈逐年下降的趋势。2018—2021年间，区域内差异与区域间差异的贡献率大致相同，差值最小为0.79。超变密度函数贡献率最小，其数值介于8.14%～16.87%，平均贡献率为12.92%，表明区域间样本交叉重叠现象不是导致数字经济发展水平总体差异的主要原因。

4.6 数字经济发展水平演进态势分析

4.6.1 Kernel 密度估计法介绍

在数据分析领域，准确把握数据的分布特征至关重要。Kernel 密度估计法作为一种强大的非参数统计方法，能够在不预先假定数据分布形式的前提下，对数据的概率密度函数进行有效估计[264-265]。为深入理解各省数字经济发展水平的内在规律，并综合考虑研究数据的分布形式，本书采用 Kernel 密度估计法来刻画样本省份全域范围及"前进省区""后进省区"数字经济发展水平的分布动态及演进规律，能更为直观地解析各省数字经济发展水平的评价结果。

Kernel 密度估计法的核心思想是在每个数据点上放置一个核函数，然后将所有核函数进行叠加，从而得到对总体概率密度的估计。此时，数字经济发展水平（x）的 Kernel 密度估计值 $\hat{f}(x)$ 为：

$$\hat{f}(x) = \frac{1}{nh} \sum_{i=1}^{n} K\left(\frac{x - x_i}{h}\right) \tag{4-16}$$

其中，n 为观测区域内的省份个数；h 是带宽，估计的精确度通常与带宽成反比；$K(\cdot)$ 函数表示核密度函数，与线性核、多项式核等其他核密度函数相比，高斯核密度函数具有良好的平滑性，对远离中心的数据点赋予较小的权重，能够有效避免估计结果受到局部噪声的影响，并且可以通过调整带宽参数来平衡估计的偏差和方差，使得估计更为精准，故本书选择高斯核密度函数：

$$K(u) = \frac{1}{\sqrt{2\pi}} e^{-\frac{u^2}{2}} \tag{4-17}$$

式中，u 是标准化后的距离，即 $u = \frac{x - x_i}{h}$。

4.6.2 "全国范围"演进态势分析

为进一步探究我国数字经济发展水平，采用 Kernel 核密度方法分析全国数字经济发展水平演进趋势。本研究对 2006—2021 年全国 30 个样本省（自治区、直辖市）数字经济发展水平绘制核密度图，如图 4-6 所示。

从中心趋势来看，核密度曲线整体呈现向右移动的趋势，表明我国区域数字经济发展水平均值在不断提高，反映了数字经济在全国范围内的整体推进与提升。大部分省份数字经济发展水平集中在较低区间，核密度曲线的峰值位于较低数值处，到 2021 年，曲线峰值明显向右移动，更多地区的数字经济发展水平得以提升，这得益于技术创新的扩散、基础设施的完善以及政策支持等因素对数字经济的促进作用。在离散程度方面，核密度曲线较为陡峭，峰值较高，说明这一时期各省份数字经济发展水平差异相对较小，大部分地区集中在某一特定的发展水平附近。随着时间的推移，曲线逐渐变得平缓，峰值降低，表明地区间数字经济发展水平的差异逐渐扩大，数字经济发展的不平衡性加剧。这种变化可能由地区资源禀赋差异、产业结构不同以及政策实施效果的区域差异等因素导致，经济发达地区在技术、人才、资本等方面具有优势，能够更快地推动数字经济发展，从而与欠发达地区拉开差距。

2006 年，核密度曲线出现了多峰现象，意味着在这些年份中，不同地区的数字经济发展形成了不同的"俱乐部趋同"现象。即部分省份由于相似的资源条件、政策环境或产业基础，数字经济发展水平较为接近，形成了相对独立的发展群体。这种多峰现象反映了区域发展的异质性和复杂性。同时曲线峰值较高且较为尖锐，表明大部分省份数字经济发展水平集中在较低区间，各省份间数字经济发展水平差异相对较小，但整体处于较低水平。随着时间的推移，曲线峰值有所降低，分布范围有所扩大，意味着部分地区数字经济开始出现分化，少数地区发展速度加快，但整体仍以低水平集中为主。2015 年左右，曲线形态发生显著变化，峰值进一步降低且变得更为平缓，分布范围大幅拓宽，向右延伸趋势明显，显示出区域数字经济发展水平的离散程度加剧，高分区域逐渐增多，部分地区数字经济实现快速增长，整体呈现出从集中走向分散的态势。2021 年数字经济发展水平的核密度曲线最为平缓，峰值极低，数据在较大范围内均匀分布，这说明经过多年发展，区域数字经济发展水平呈现出高度分化的格局，各地区发展差异显著扩大，既有处于数字经济前沿的发达地区，也存在发展相对滞后的地区，整体分布已从早期的相对集中演变为广泛分散。

此外，广东、江苏、浙江、北京、上海等省市在 2006—2021 年间始终处于曲线的右侧高分段，且随着时间的推移，其分布范围不断向右拓展，密度逐渐增加，表明这些地区数字经济发展不仅起点高，而且保持着强劲的增长势头，持续引领全国数字经济发展潮流。如广东省数字经济发展水平多年间持续上升，其在核密度图中的位置始终处于前列，且与其他地区的差距在某些年份有所扩大，这得益于其雄厚的制造业基础、发达的信息技术产业集群以及活跃的创新创业氛围，使其在数字产业化和产业数字化方面均取得显著成效。

相比之下，青海、宁夏、甘肃、贵州、云南等省份在核密度图中主要集中于左侧低分段，尽管部分地区在后期有一定的向右移动趋势，但整体仍与发达地区存在较大差距。这些地区受限于经济基础薄弱、科技投入不足、人才短缺等因素，数字经济发展相对滞后，在数字化转型过程中面临更多困难和挑战。以青海为例，其数字经济发展长期处于较低水平，在核密度图中的分布范围狭窄且位置靠左，反映出其数字经济发展的缓慢进程。

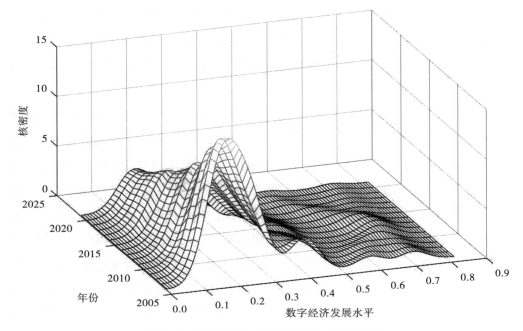

图 4-6 全国范围数字经济发展水平演进态势

4.6.3 "后进省区"演进态势分析

"后进省区"主要集中在我国华北、东北和西北地区，一共包括13个省（自治区、直辖市）。对我国2006—2021年13个"后进省区"绘制Kernel密度图，如图4-7所示。

图4-7展示了我国2006—2021年"后进省区"数字经济发展水平变化趋势，从整体趋势来看，随着时间的推移，核密度曲线的峰值逐渐降低且右移，说明"后进省区"数字经济发展水平的集中程度在下降，同时整体水平在提升，但上升幅度和速度存在差异。2006年，曲线呈高度集中且下降陡峭形态，也正是数字经济水平发展初期，只有少数地区在数字经济方面有一定的发展，并且整体发展水平较低。2010年，曲线峰值先有所上升再有所下降，但都处于较高位置，说明数字经济发展

开始逐渐扩散，但仍存在集中趋势和较低的发展水平。2015年左右，曲线形态变化显著，峰值明显降低且变得更加平缓，数字经济发展水平集中程度持续下降，呈现出更加广泛的发展态势。2021年，数字经济发展水平的分布变得较为均匀，没有明显的集中区域，数据的离散程度达到最大，峰值最低，说明数字经济发展水平两极分化趋势加强。经过多年发展，数字经济发展水平从低水平逐渐向中高水平演变，得到了广泛的发展和应用。

此外，从2006年到2021年山东省数字经济发展水平逐步提高，在核密度图中的分布范围也逐渐扩大到更高得分段，显示出其在数字经济领域的持续进步与拓展。该省份在某些年份出现多峰现象，意味着省内形成了不同发展水平的数字经济发展群体，如可能出现以济南、青岛等为代表的高水平发展区域和其他相对较低水平区域，这种多峰结构反映了区域内部发展的复杂性和多样性。相比之下，甘肃、青海等省份虽然曲线也有一定右移，但幅度较小，表明其数字经济增长相对缓慢，在全国数字经济快速发展的浪潮中面临较大的追赶压力。多数省份的核密度曲线在发展过程中离散程度逐渐增大，如河北省、山西省等。这就意味着省内不同地区数字经济发展的不平衡性加剧，可能是区域内资源分配不均、产业布局差异或政策实施效果不同等因素导致。

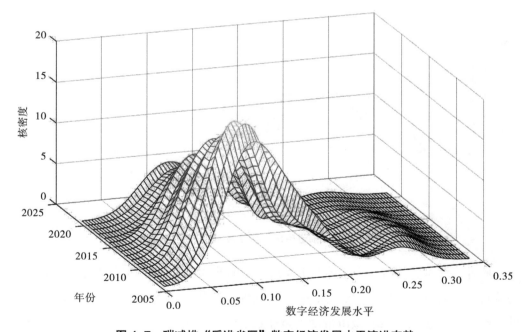

图4-7　碳减排"后进省区"数字经济发展水平演进态势

4.6.4 "前进省区"演进态势分析

"前进省区"主要集中在我国华中、华南和西南地区，一共包括17个省份。对我国2006—2021年17个"前进省区"绘制Kernel密度图，如图4-8所示。

由图4-8可知，部分核密度曲线的峰值随着年份的推移不断向右偏移，且峰值不断升高，表明"前进省区"数字经济发展水平普遍提高的同时，两极分化情况也越发明显。2006年，数字经济发展水平的核密度曲线峰值最高且下降较为陡峭，显示出发展水平在远离峰值区域后迅速减少，数字经济发展的不均衡性较强，除了少数集中区域外，其他地区或领域发展水平较低；2010年的曲线形状与2006年类似，但峰值有所下降，分布范围扩大、下降陡峭程度缓和，说明数字经济发展水平逐渐提高。2015年左右，峰值位置有明显右移，曲线陡峭程度变缓，表明数字经济发展更加多元化，水平进一步提升。2021年，曲线最为平缓，经济发展水平达到了更高程度，并在各个地区得到广泛发展。

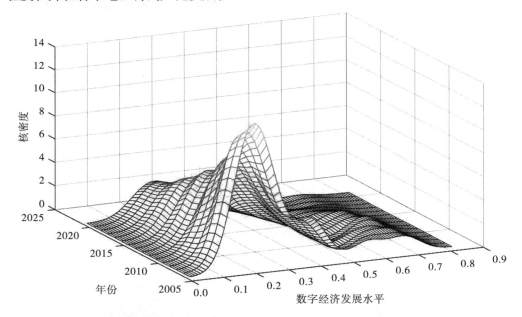

图 4-8　碳减排"前进省区"数字经济发展水平演进态势

此外，北京、上海、广东等经济发达省份的曲线在2006年左右便处于相对较高的位置，且具有一定的集中趋势，表明这些地区在数字经济发展初期已奠定良好基础，部分优势领域或核心城市带动了整体数字经济水平的提升，数据在较高得分段相对聚集。而吉林、安徽、贵州等省份的曲线在起始阶段则主要集中于较低分值区间，分布相对较为分散，反映出这些地区数字经济起步相对较晚，基础较为薄弱，且区域内发展差异较大，尚未形成明显的集聚效应与核心优势。

4.7　本章小结

本章主要利用面板熵值法、Dagum基尼系数分解法和Kernel密度估计法测度并分析了2006—2021年中国30个样本省份数字经济发展的空间异质性、区域差异性以及演进态势。

2006—2021年间我国数字经济发展水平整体呈现逐年提高的趋势，呈现出东部>中部>东北>西部，南方>北方。2006年，中国数字经济发展水平整体较低，东部沿海省份处于中等水平，而中西部地区多为低水平区。到2021年，数字经济发展水平显著提升，高水平区省份数量增加，低水平区省份数量减少，但区域间的不平衡性依然存在，东部地区明显领先于中西部和东北地区。随着时间的推移，"后进省区"数字经济都得到了积极发展，"前进省区"各省份数字经济发展水平有着更显著的提高，"后进省区"的数字经济发展水平明显低于"前进省区"。

我国数字经济发展水平呈现出明显的非均衡性，区域发展差距呈"V"字形变化。"前进省区"和"后进省区"区域内差异均呈下降趋势。区域间差异先减小后扩大，2021年达到峰值，"前进省区"凭借经济、科技和人才等优势大力发展数字经济，而"后进省区"在数字基础设施、技术应用等方面存在挑战。区域差异及其分解结果显示，2006—2018年间区域内差异是总体差异的主要来源，2018—2021年间区域内与区域间差异贡献率大致相同，超变密度函数贡献率最小。

我国区域数字经济发展在2006—2021年间呈现出显著的动态变化特征。"全国范围"数字经济发展水平从集中于低水平到高度分散的过程，发展水平不断提升但区域差异持续扩大，发达地区与欠发达地区数字经济发展差距明显，形成了不同的发展梯队和聚类格局；"后进省区"与"前进省区"数字经济发展水平存在显著差异，部分省份发展态势良好且增长迅速，但也面临内部不平衡问题，一些省份则发展相对滞后，与发达省份差距较大。经济基础、科技创新和政策支持等因素是造成这些差异的主要原因。

5 数字经济赋能碳减排的静动态空间效应分解

5.1 空间计量模型介绍

1974年召开的荷兰统计协会大会上，Paelinck首次正式提出了空间计量经济学概念，1979年Paelinck和Klaassen出版了专著《空间计量经济学》，成为空间计量模型分析的起点。空间计量经济学是以空间经济理论和地理空间数据为基础，运用数学、统计学和计算机技术，通过构建空间计量模型对研究空间经济活动和经济关系数量规律的一门经济学学科，是计量经济学的一个重要分支。空间计量经济学是对一系列含有经济变量空间效应的计量经济模型进行设定、估计、检验及预测的研究技术的总称。

空间计量分析把空间效应分为空间依赖性和空间异质性。空间依赖性是指个体之间的空间交互作用，通过设置空间权重矩阵来分析；空间异质性是指空间个体之间的差异，通过设置虚拟变量来分析。

从数据类型角度来分析，空间计量模型包括横截面空间计量模型和空间面板计量模型。从模型中是否包括被解释变量的滞后项来看，空间面板数据模型包括静态空间面板数据模型和动态空间面板数据模型。

Anselin（1995）给出了空间计量经济分析中空间线性模型的通用形式，通过对通用模型参数进行限制，可以导出特定的模型[266]。空间计量模型分为空间误差模型（SEM）、空间滞后模型（SLM）和空间杜宾模型（SDM）。空间误差模型重点关注误差项的空间相关性；空间滞后模型主要用于研究变量在空间上的相互依赖关系；空间杜宾模型综合考虑了被解释变量的空间滞后项以及解释变量的空间滞后项；空间杜宾模型能够更全面地分析变量之间的空间关系，不仅考虑了被解释变量的空间溢出，还考虑了解释变量的空间溢出效应。

5.1.1 空间误差模型

SEM是指对模型中的误差项设置空间自相关项的回归模型。研究对象之间的空间关系通过其误差项的空间自相关关系得以体现，SEM适用于研究机构或地区之间的相互作用因所处的相对位置不同而存在差异的情况，SEM通过对其他区域随机误差项的空间溢出效应来分析对本区域被解释变量产生的影响。

空间误差模型研究随机误差项存在自相关性的情况，主要目的是解决包含遗漏变量所带来的偏误，空间依赖性不仅可以通过被解释变量和解释变量来反映，还可以通过随机误差项来体现，即通过随机误差项刻画空间关系。SEM包含解释变量和误差项，模型表达式为：

$$Y = \alpha I_N + X\beta + \mu, \mu = \lambda W\mu + \varepsilon \tag{5-1}$$

式中，Y表示被解释变量矩阵，X表示解释变量矩阵，W表示空间权重矩阵，μ为截距项，α为被解释变量的空间误差系数，反映其他省域被解释变量的误差对本地区的空间溢出效应，β表示解释变量对被解释变量的影响，ε为服从正态分布的随机误差项，$W\mu$描述了μ的空间交互效应。

5.1.2　空间滞后模型

空间滞后模型描述的是被解释变量之间的空间相关性，主要探讨各变量在一定地区是否具有扩散效应（或溢出效应），由于空间滞后模型与时间序列中的自回归模型类似，因此，SLM也被称为空间自回归模型（SAR）。SLM考虑了被解释变量的空间滞后相关性，因此，利用被解释变量的空间滞后项捕捉空间单元之间的相互作用模型具体表达式为：

$$Y = \mu + \rho WY + X\beta + \varepsilon \tag{5-2}$$

式中，ρ为空间滞后项系数，反映其他地区被解释变量对本地区被解释变量的影响。

5.1.3　空间杜宾模型

空间杜宾模型是空间滞后模型和空间误差模型的组合扩展形式，可通过对空间滞后模型和空间误差模型增加相应的约束条件设立。SDM既考虑了被解释变量的空间相关性，又考虑了解释变量的空间相关性，因此，可同时捕捉被解释变量和解释变量的空间依赖性。空间杜宾模型是空间自相关模型和空间误差模型的扩展形式，在时间序列数据中，解释变量通常存在滞后情况，同样被解释变量在空间上也可以存在滞后情况，经济学含义是空间单元不仅受到解释变量的影响，同时也受到被解释变量的影响，揭示了空间的溢出性，模型表达式为：

$$Y = \mu + \rho WY + X\beta + \delta WX + \varepsilon \tag{5-3}$$

式中，ρWY表示Y的内生交互效应；δWX表示X的外生空间交互效应，反映其他地区解释变量对本地区各要素的影响，δ 为其他地区解释变量对本地区的影响系数，其他变量含义同上。

5.1.4 空间杜宾误差模型

空间杜宾误差模型同时考虑了解释变量的空间滞后效应和误差空间效应，模型表达式为：

$$Y = \mu + X\beta + \delta WX + \varepsilon, \varepsilon = \gamma W\varepsilon + v \tag{5-4}$$

式中，WX 表示 X 的外生空间交互效应，$W\varepsilon$ 表示 ε 的空间交互效应。

5.2 空间相关性检验

本研究以 2006—2021 年我国 30 个样本省份（西藏、港澳台地区不在研究范围内）面板数据为样本，构建距离倒数空间权重矩阵，探索碳排放强度的空间相关性。

空间上反映是否存在空间自相关性的重要指标是莫兰（Moran's I）指数，莫兰指数分为全局莫兰指数（Global Moran's I）和局部莫兰指数（Local Moran's I）。

5.2.1 全局自相关检验

全局自相关检验用于检验某一变量在空间分布上是否存在显著的全局空间自相关性，指的是某一地理现象的观测值在空间上是否呈现聚集或分散的模式。全局空间自相关分析利用 Global Moran's I 指数评估属性变量在整个区域内的空间分布特征，Global Moran's I 指数是一种用于衡量空间自相关性的统计指标，主要用于评估某一属性变量在整个研究区域内的空间分布模式，该指数能够判断空间数据是否存在聚集或分散特征，从而揭示变量在空间上的依赖性。

Moran's I 系数公式如下：

$$Moran's I = \frac{n}{\sum_{i=1}^{n}(y_i - \bar{y})^2} \frac{\sum_{i=1}^{n}\sum_{j=1}^{n} w_{ij}(y_i - \bar{y})(y_j - \bar{y})}{\sum_{i=1}^{n}\sum_{j=1}^{n} w_{ij}} \tag{5-5}$$

式中，n 表示研究区域个数；y_i 和 y_j 分别表示第 i 个地区和第 j 个地区的变量属性值；$\bar{y}$ 表示空间区域变量属性值的平均值；w_{ij} 为空间权重矩阵。

Moran's I 指数的期望值是衡量其在零假设（即空间分布完全随机，不存在空间自相关）下的理论平均值。Moran's I指数期望值为：

$$E\left(Moran'sI\right)=-\frac{1}{n-1}\tag{5-6}$$

Moran's I的方差有两个假设：空间对象正态分布（假设空间数据服从正态分布，即属性值在空间上是随机且独立分布的）和随机分布假设（假设空间数据的属性值在空间单元之间是随机排列的，但不要求数据服从正态分布）。

正态分布假设下，Moran's I的方差为：

$$Var\left(Moran'sI\right)=\frac{n^2W_1+nW_2+3W_0^2}{W_0^2\left(n^2-1\right)}-E^2\left(Moran'sI\right)\tag{5-7}$$

随机分布假设下，Moran's I的方差为：

$$Var\left(I\right)=\frac{n\left[\left(n^2-3n+3\right)W_1-nW_2+3W_0^2\right]-k\left[\left(n^2-n\right)W_1-2nW_2+6W_0^2\right]}{W_0^2\left(n-1\right)\left(n-2\right)\left(n-3\right)}-E^2\left(I\right)\tag{5-8}$$

其中，n为研究区域的个数，$W_0=\sum_{i=1}^{n}\sum_{j=1}^{n}w_{ij}$；$W_1=\frac{1}{2}\sum_{i=1}^{n}\sum_{j=1,j\neq i}^{n}\left(w_{ij}+w_{ji}\right)^2$；$W_2=\sum_{i=1}^{n}\left(\sum_{j=1}^{n}w_{ij}+\sum_{j=1}^{n}w_{ji}\right)$，$k=\frac{n\sum_{i=1}^{n}\left(y_i-\bar{y}\right)^4}{\left[\sum_{i=1}^{n}\left(y_i-\bar{y}\right)^2\right]^2}$。

Moran's I指数的标准化检验统计量称为 Z-Score，通常用于检验区域间是否存在空间自相关性，检验统计量具体表达式如下：

$$Z\left(I\right)=\frac{I-E\left(I\right)}{\sqrt{Var\left(I\right)}}\sim N\left(0,1\right)\tag{5-9}$$

正态分布情况下，当$|Z(I)|>1.96$，或$Z(I)$统计量对应的p值小于显著性水平α时，拒绝原假设，认为Moran's I$\neq0$，说明所属变量存在空间自相关，全局Moran's I系数的取值范围为[-1，1]，当系数值大于0时，表明所选空间区域存在空间正相关性，且数值越接近1，空间正自相关性越强，区域间的相似特征值呈现聚集分布；当系数值小于0时，表明所选区域存在空间负相关性，且数值越接近-1，空间负自相关性越强，研究对象呈现均匀分布；当系数值等于0时，表明所选空间区域的属性变量在空间上呈随机分布，不存在显著的空间相关性。

本研究利用构建的距离倒数空间权重矩阵测算了2006—2021年我国碳排放强度的全局莫兰指数及其他统计量，具体数值如表5-1所示。

表 5-1　空间全局莫兰指数

年份	I	E(I)	sd(I)	z	p-value
2006	0.263	−0.034	0.094	3.171	0.002
2007	0.257	−0.034	0.094	3.093	0.002
2008	0.291	−0.034	0.097	3.470	0.001
2009	0.278	−0.034	0.093	3.343	0.001
2010	0.269	−0.034	0.092	3.295	0.001
2011	0.257	−0.034	0.089	3.260	0.001
2012	0.249	−0.034	0.088	3.214	0.001
2013	0.239	−0.034	0.087	3.136	0.002
2014	0.230	−0.034	0.088	3.010	0.003
2015	0.210	−0.034	0.086	2.824	0.005
2016	0.213	−0.034	0.087	2.834	0.005
2017	0.188	−0.034	0.084	2.660	0.008
2018	0.188	−0.034	0.084	2.655	0.008
2019	0.181	−0.034	0.084	2.583	0.010
2020	0.177	−0.034	0.084	2.536	0.011
2021	0.172	−0.034	0.083	2.491	0.013

从表5-1可以看出，2006—2021年间碳排放强度全局莫兰指数均通过了显著性检验，且莫兰指数均为正数。因此，认为碳排放强度存在空间自相关性，说明碳排放强度在不同地理位置相近的30个样本省（自治区、直辖市）表现出空间集聚性。并且不同地域之间碳排放强度具有较强的空间正相关关系，即一个地区碳排强度较高，其周围省份碳排放强度也较高。

5.2.2　局部自相关检验

全局空间自相关分析只能得出研究对象是否存在空间集聚性，而不能得到具体的集聚区域，因此，需要进一步借助局部空间自相关进行分析。局部空间自相关主要用局部 Moran's I 系数（LISA）和局部 Getis 系数（G_i）来反映属性变量在局部区域范围内的空间集聚程度。

局部空间 Moran's I 系数提供了每个空间单元相关性的判定，对于第 i 个区域单元而言，Moran's I 的 LISA 定义为：

$$I_i = \frac{y_i - \bar{y}}{S^2} \sum_{j=1}^{n} w_{ij} \left(y_i - \bar{y} \right)$$ 　　　　（5-10）

其中，$S^2 = \dfrac{1}{n}\sum_{i=1}^{n}(y_i - \bar{y})^2$，$\bar{y} = \dfrac{1}{n}\sum_{i=1}^{n}y_i$，且 $i \neq j$。

同样可以利用 Z-Score 对 LISA 统计量进行假设检验：

$$Z(I) = \frac{I - E(I)}{\sqrt{Var(I)}} \tag{5-11}$$

当 $|Z(I)| > 1.96$，或 $Z(I)$ 统计量对应的 p 值小于显著性水平 α 时，拒绝原假设，认为 Moran's I $\neq 0$，说明属性变量存在局部空间自相关。

局部空间单元的空间特征可以通过 Moran 散点图来刻画和可视化展示，Moran 散点图以（WY，Y）为坐标点，将研究数据反映在可视化二维图中，用以研究空间的不稳定性。Moran 散点图共分为四个象限，第一象限表示高水平区域被其他高水平区域包围；第二象限表示低水平区域被高水平区域包围；第三象限表示低水平区域被其他低水平区域包围；第四象限表示高水平区域被其他低水平区域包围。因此，Moran 散点图的第一象限、第三象限表示变量的空间正相关性，第二象限、第四象限表示变量的空间负相关性。

本研究采用反距离空间权重矩阵，选择 2006 年、2011 年、2016 年、2021 年为典型代表年份，绘制这四年的 Moran's I 局部指数散点图。以此来分析碳排放强度在局部空间上的集聚效应，结果如下所示。

由图 5-1 可以看出，2006 年陕西、辽宁、吉林、黑龙江、新疆、河北、青海、甘肃、内蒙古、宁夏、山西位于第一象限，代表了碳排放强度高的地区被同样是碳排放强度高的地区包围，体现了正向空间自相关关系集群，碳排放强度集聚特征非常明显。可能是由于河北、山西、内蒙古、辽宁、吉林、黑龙江等省份拥有着我国雄厚的重工业产业和丰富矿产资源，能源消耗量较大，二氧化碳排放量相对其他地区较多，因此碳排放强度也较大。而第三象限的四川、广西、广东、湖北、湖南、海南、江苏、福建、安徽、上海、浙江、江西、天津各省份表现出碳排放强度低的地区被碳排放强度低的地区包围，也是正空间自相关关系，同样具有碳排放强度集聚特征，但是强度比第一象限弱。云南、山东、河南、北京、重庆在第二象限，表明碳排放强度低的地区被碳排放强度高的地区包围。贵州属于第四象限，代表了负的空间自相关关系集群。

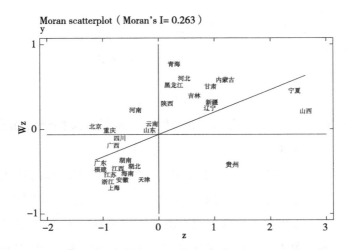

图 5-1　2006 年我国 30 个省份碳排放强度局部莫兰指数图

由图 5-2 可以看出，2011 年辽宁、吉林、陕西、河北、青海、甘肃、新疆、内蒙古、山西、宁夏位于第一象限，代表了碳排放强度高的地区被同样是碳排放强度高的地区包围，体现了正向空间自相关关系集群，碳排放强度集聚特征非常明显；而第三象限的广西、四川、重庆、广东、湖南、湖北、福建、江西、江苏、安徽、浙江、上海、天津各省份表现出实碳排放强度低的地区被碳排放度低的地区包围，也是正空间自相关关系，同样具有碳排放强度集聚特征，但是强度比第一象限弱。河南、北京在第二象限，贵州、海南在第四象限，代表了负的空间自相关关系集群。山东、云南横跨两象限，属于空间负自相关。黑龙江横跨两象限，属于空间正自相关。

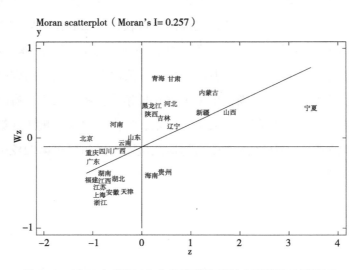

图 5-2　2011 年我国 30 个省份碳排放强度局部莫兰指数图

由图5-3可以看出，2016年山东、辽宁、陕西、河北、青海、内蒙古、甘肃、新疆、山西、宁夏位于第一象限，代表了碳排放强度高的地区被同样是碳排放强度高的地区包围，体现了正向空间自相关关系集群，碳排放强度集聚特征非常明显；而第三象限的广西、重庆、四川、广东、湖南、湖北、福建、江西、江苏、浙江、上海、安徽、天津各省份表现出实碳排放强度低的地区被碳排放度低的地区包围，也是正空间自相关关系，同样具有碳排放强度集聚特征，但是强度比第一象限弱。河南在第二象限，贵州、海南在第四象限，代表了负的空间自相关关系集群。吉林、黑龙江横跨两象限，属于空间正自相关。北京、云南横跨两象限，属于空间负自相关。

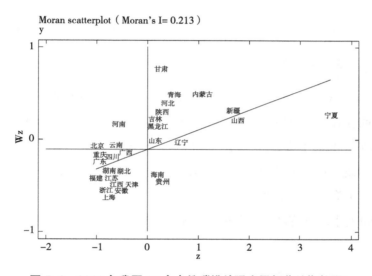

图5-3　2016年我国30个省份碳排放强度局部莫兰指数图

由图5-4可以看出，2021年辽宁、青海、甘肃、新疆、宁夏、内蒙古、山西位于第一象限，代表了碳排放强度高的地区被同样是碳排放强度高的地区包围，体现了正向空间自相关关系集群，碳排放强度集聚特征非常明显；而第三象限的云南、四川、重庆、湖南、湖北、广西、广东、安徽、天津、上海、浙江、福建、江西、云南各省份表现出实碳排放强度低的地区被碳排放度低的地区包围，也是正空间自相关关系，同样具有碳排放强度集聚特征，但是强度比第一象限弱。河南、吉林在第二象限，代表了负的空间自相关关系集群。河北、陕西、海南、贵州横跨两个象限，属于空间正自相关，黑龙江、山东、北京横跨两个象限，属于空间负自相关。

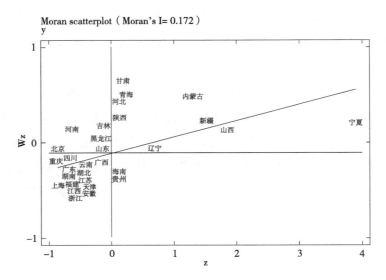

图 5-4　2021 年我国 30 个省份碳排放强度局部莫兰指数图

通过 2006—2021 年四年间我国 30 个省份碳排放强度的局部莫兰指数图可以发现，各省之间存在着较强的空间聚集性，并且各省之间的空间聚集程度几乎稳定保持在同一水平，波动不大。2006 年、2011 年、2016 年、2021 年中辽宁、新疆、青海、甘肃、宁夏、山西一直处于第一象限；河南一直处于第二象限；广西、广东、四川、安徽、上海、天津、福建、湖北、湖南、浙江、江苏、江西一直处于第三象限。其余省份发生轻微变动，横跨两个象限。

5.3　变量选取及数据来源

5.3.1　变量选取

为研究数字经济赋能碳减排的空间效应，以数字经济作为核心解释变量，碳排放强度作为被解释变量，同时选取了包括能源消费结构、人力资本、环境规制、绿色创新技术、人口密度在内的控制解释变量，变量选取、解释与处理如下。

5.3.1.1　被解释变量——碳排放强度

用已测算的碳排放强度（CT）作为被解释变量进行研究。

5.3.1.2　核心解释变量——数字经济

用已测算的数字经济发展水平（DIGIT）作为解释变量进行研究。

5.3.1.3　控制变量

（1）能源消费结构（EC）

随着工业化进程迅速发展，煤炭消费总量占比逐步提升，碳排放总量不断增加，使得碳排放强度有所提高，说明能源消费结构的调整促进碳排放强度的提高。借鉴邵帅等（2022）[114]的做法，以煤炭消费量占能源消费总量的比重表征能源消费结构，为了确保统计口径的一致性，本书利用《中国能源统计年鉴》中各种能源的标准煤折算系数，分别计算了各种能源的终端消费量，再以煤炭终端消费量占能源终端消费总量的比重来表示。

（2）人力资本（HC）

一方面，培养高层次人才需要较大的资源消耗，导致碳排放量上升。因此，在很大程度上高层次人才的培养成本过高不利于碳排放量降低；反过来，人力资本的提高可以增加高素质人才的比例，高素质人才的比例越高，全社会资源节约、环境保护的意识就越强，有利于碳减排。高素质人力是转变经济发展模式的重要驱动力。另一方面，在数字化产业中，技术创新占领主导地位，技术创新发展得好，会大大推进整个社会数字化产业长期可持续发展。因此，人力资本被认为是一种更为清洁的生产要素，能够提供绿色生产技术，可以支持经济发展，降低环境污染，人力资本动态累积所带来的可持续增长效应，会促使城市的二氧化碳排放量下降，因此，人力资本对碳排放强度的影响具有不确定性。本书用高校大学生在校人数与地区总人数比值来反映人力资本。

（3）环境规制（ER）

环境规制大小反映地方政府环境治理的成效。环境规制治理成本对高能耗产业至关重要，当环境规制治理成本较高时，高能耗产业被迫降低投资经费和绿色技术投入经费，以获取更高的经济收益，缺乏节能减排的动力，致使碳排放强度的增加。本书用各地区环境污染治理投资额与GDP比值来衡量环境规制强度。

（4）绿色创新技术（GTI）

绿色实用性技术申请个数是衡量绿色创新技术的关键指标，而绿色创新技术可以直接体现一个地区科技创新技术水平的高低。绿色创新技术的投入，改变了传统高能耗产业的生产模式和运营模式，促使高能耗产业向绿色化转型，推动产业结构升级，进而使得碳排放总量减少，碳排放强度有所降低，能够显著抑制碳排放。本书采用绿色实用性技术申请个数来衡量地区绿色科技创新水平的高低程度，以此来研究其对碳排放强度的影响。

（5）人口密度（PD）

人口数的增加会导致能源消耗量上升，进而导致化石能源的消耗，从而使得地区碳排放量增加，进一步促进碳排放强度的增加。同时，人口集聚对交通领域基础设施造成一定程度上的压力，促使交通领域的能耗增大，使得碳排放量增加，碳排放强度升高。书中用各省份年末人口数除以地区行政面积衡量人口密度，进而研究其对碳排放强度的影响。

5.3.2 数据来源

本书选取2006—2021年我国30个省（自治区、直辖市）（由于数据缺失，西藏和港澳台地区不在研究范围内）的面板数据进行研究，为了降低回归模型中多重共线性和异方差的影响程度，本研究将各变量进行取对数处理。本研究所涉及的数据来自国家统计局官网、中经网统计数据库、《中国统计年鉴》和各省份统计年鉴。对于缺失数据，使用线性插值法进行填补。

5.4 模型选择与构建

在构建空间计量模型之前，需对模型进行检验并选择最优模型。根据表5-2的检验结果可知，LM-Lag统计量值为4.404，LM-Error统计量值为9.883，两者均在1%的显著性水平下显著。Robust LM-Error统计量值为11.168，Robust LM-Lag统计量值为5.689，同样也在1%的显著性水平下显著。由于LM-Error统计量数值大于LM-Lag，Robust LM-Error统计量数值大于Robust LM-Lag，表明空间误差模型或空间杜宾模型更适合用于实证分析。同时，Hausman检验统计量为142.27，支持使用固定效应模型。为进一步验证空间误差模型是否可以退化为SAR或SEM，进行了Wald检验和LR检验。检验结果显示，Wald检验和LR检验均在1%的显著性水平下显著。效应选择检验结果表明，时间效应优于其他效应，因此，时间固定效应更适合研究数字经济对碳减排的影响。经过以上一系列检验可知，时间固定效应的空间杜宾模型更适合用于分析数字经济对碳减排的影响。构建模型的具体形式为：

$$\ln CT_{it} = \beta_1 \ln DE_{it} + \beta_2 \ln ECS_{it} + \beta_3 \ln HC_{it} + \beta_4 \ln ER_{it} + \beta_5 \ln IT_{it} + \beta_6 \ln PD_{it}$$

$$\delta_1 W \ln DE_{it} + \delta_2 W \ln ECS_{it} + \delta_3 W \ln HC_{it} + \delta_4 \ln ER_{it} + \delta_5 W \ln IT_{it} + \delta_6 W \ln PD_{it} \qquad (5-12)$$

$$\mu_i + \gamma_t + \varepsilon_{it}$$

式中，β_k 为各个变量的系数，W 表示反距离空间权重矩阵，δ_k 为各个变量空间权重项的系数，ε_{it} 表示随机误差项，μ_i、γ_t 分别表示固定效应和时间效应。

表5-2　模型检验

检验	统计量	数值	P值
空间误差	LM-Error	9.883	0.002
	Robust LM-Error	11.168	0.001
空间滞后	LM-Lag	4.404	0.036
	Robust LM-Lag	5.689	0.017
Hausman 检验	chi2	142.27	0.000 0
效应检验	ind chi2	29.89	0.419 6
	Time chi2	1 146.57	0.000 0
SAR 的 Wald 检验	Chi2	71.04	0.000
SEM 的 Wald 检验	Chi2	119.14	0.000
SAR 的 LR 检验	LR chi2	74.85	0.000
SEM 的 LR 检验	LR chi2	109.95	0.000

5.5　数字经济赋能碳减排效应的静态空间效应分析

5.5.1　基准回归结果分析

对选取的反距离空间权重矩阵下的时间固定效应的空间杜宾模型进行参数估计，模型估计结果如表5-3所示。

表5-3　空间杜宾模型基准回归结果

变量	模型估计	
	Main	Wx
lnDIGIT	−0.260 2*** (−4.81)	−0.405 3** (−2.38)
lnEC	0.410 2*** (11.65)	0.133 8* (1.92)
lnHC	0.045 9* (4.70)	0.139 3* (1.89)
lnER	0.272 0*** (7.06)	0.737 5*** (7.33)
lnGTI	−0.119 2*** (−3.54)	−0.031 5 (−0.32)
lnPD	0.044 6* (1.70)	0.001 3 (0.02)
Rho	0.270 5*** (3.55)	
sigma2_e	0.097 7*** (15.25)	
N	480	

注：***、**、*分别表示统计量在1%、5%和10%的显著性水平下通过检验，（ ）内为Z值。

　　基准回归结果显示，在1%的显著性水平下，空间自相关系数为正且大于0，与莫兰指数检验的结果相一致，说明我国30个样本省份碳排放强度表现出显著的空间依赖性，一个样本省份的碳排放强度不仅受到本地区各种因素的影响，同时也会受到相邻地区碳排放强度的正向影响，我国省域碳排放强度分布特征并非随机的，而是在空间上呈现出空间集聚和空间依赖的分布特征。

　　基准回归结果显示，数字经济发展水平的回归系数为−0.260 2，在1%的显著性水平通过检验，说明数字经济的发展能够有效抑制碳排放强度的增加。数字经济发展水平每提升1%，碳排放强度降低0.260 2%，验证了数字经济对碳排放强度的显著负向影响；另外，数字经济空间滞后项的回归系数为−0.405 3，在5%的显著性水平下通过显著性检验，说明数字经济对邻近地区碳排放强度产生显著的阻碍作用，随着数字经济在经济社会活动中渗透率的持续提升，数字经济领域的大数据、云计算、人工智能等技术逐步成熟，使得传统产业生产的资源利用效率和能源效率大幅提高，进而推动了碳排放强度的降低。从控制变量来看，能源消费结构的回归系数为0.410 2，通过显著性水平为1%的检验，能源消费结构空间滞后项的回归系数为

0.133 8，在5%的显著性水平下显著，说明无论是本地区还是相邻地区，能源消费结构对碳排放强度的影响均是正向的，能源消费结构对本地区碳排放强度的促进作用大于对邻近地区碳排放强度的空间溢出效应。能源消费结构采用煤炭消费总量占能源消费总量表示，随着工业化进程迅速发展，煤炭消费总量占比逐步提升，碳排放总量不断增加，使得碳排放强度有所提高。在10%的显著性水平下，人力资本的系数与空间滞后项系数均显著为正，说明人力资本不仅提高了本地区碳排放强度，还推动了相邻地区碳排放强度的提高，人力资本促使社会消费水平提高，进而促进了二氧化碳强度的扩大。在1%的显著性水平下，环境规制的系数与空间滞后项系数均显著为正，说明环境规制能够推动碳排放强度的提高，究其缘由，可能与成本理论相关，环境规制的体系暂时还不成熟，环境规制治理成本对高能耗产业至关重要，当环境规制治理成本较高时，高能耗产业不得以降低投资经费和绿色技术投入经费，以获取更高的经济收益，缺乏节能减排的动力，致使碳排放强度的增加。绿色创新技术的系数在1%的显著性水平下显著为负，表明绿色创新技术抑制碳排放强度的增加，可能由于绿色创新技术的投入，改变了传统高能耗产业的生产模式和运营模式，促使高能耗产业向绿色化转型，推动产业结构的升级，进而使得碳排放总量减少，碳排放强度有所降低。人口密度的回归系数为0.046 6，在10%的显著性水平下通过检验，表明人口密度的提高进一步导致碳排放强度的增加，这与胡本田和肖雪莹（2022）[267]的研究结论一致。一方面，人口密度的增加，使得居民消费水平提高，对于能源的需求不断扩大，进而导致化石能源的消耗，最终造成二氧化碳排放量增加。另一方面，人口集聚对交通领域基础设施造成一定程度上的压力，促使交通领域的能耗增大，使得交通碳排放量增加，碳排放强度升高。

5.5.2　空间效应分解

数字经济对碳排放强度的影响不仅存在于本地区，不同地区之间同样存在联系，故研究数字经济对碳排放强度的空间效应需进一步将空间杜宾模型的影响效应分解为直接效应、空间溢出效应与总效应。空间效应分解结果如表5-4所示。

表5-4　空间效应分解结果

变量	模型估计		
	直接效应	空间溢出效应	总效应
lnDIGIT	−0.283 6*** （−5.14）	−0.626 3** （−3.11）	−0.909 9*** （−4.29）

续　表

变量	模型估计		
	直接效应	空间溢出效应	总效应
lnEC	0.418 9*** （13.74）	0.317 9*** （3.34）	0.736 8*** （7.09）
lnHC	0.054 4** （2.23）	0.193 7** （2.05）	0.248 1** （2.48）
lnER	0.316 9*** （7.69）	1.079 4*** （6.21）	1.396 3*** （7.57）
lnGTI	−0.126 0*** （−3.37）	−0.082 6 （−0.63）	−0.208 7 （−1.51）
lnPD	0.048 4 （1.57）	0.021 8 （0.18）	0.070 2 （0.50）

注：***、**、*分别表示统计量在1%、5%和10%的显著性水平下通过检验，（ ）内为Z值。

总效应表示解释变量对所有样本省份整体碳排放强度的平均影响情况，从整体来看，数字经济的总效应显著为负，说明数字经济阻碍碳排放强度的增加，与实证结果相一致。另外，数字经济直接效应的回归系数为−0.283 6，在1%的显著性水平下通过检验，说明数字经济对本地区碳排放强度具有负向作用。数字经济空间溢出效应的回归系数为−0.626 3，通过5%的显著性水平检验，进一步表明数字经济能够间接抑制相邻地区碳排放强度的扩增。随着数字基础设施和技术的完善，数字技术的应用将更加广泛，数字经济的快速发展不仅促进了传统产业生产技术的革新和运营效率，也为传统产业发展清洁生产方式、实现绿色化进程发展带来了机遇，在一定程度上提高了传统产业资源利用效率，进而推动节能减排。并且数字化平台的建立，联通了不同省份，实现了数字经济信息共享，进而实现碳减排。

能源消费结构总效应的回归系数、直接效应的回归系数与空间溢出效应的回归系数在1%的显著性水平下均显著为正，总效应的回归系数明显高于直接效应的回归系数与溢出效应的回归系数，直接效应的回归系数高于空间溢出效应的回归系数，表明能源消费结构对于本地区碳排放强度的影响高于相邻地区对碳排放强度的影响。以化石能源为主的能源消费结构特征是我国碳排放增长的主要因素，其中我国能源禀赋以煤炭为主，因此优化能源结构，加快转变传统能源利用方式，加快清洁低碳转型，提高煤炭加工转化，实现我国碳排放强度的逐步下降，争取低碳转型的重大成就。

人力资本总效应回归系数、直接效应回归系数与空间溢出效应回归系数在5%

的显著性水平下均显著为正，说明人力资本对碳排放强度的影响是积极的，同时对相邻碳排放强度的影响起到推动作用，这与实证结果具有相似之处。培养高层次人才需要较大的资源消耗，因此，在很大程度上高层次人才的培养成本过高不利于碳排放量降低，同时由于不同地区传统产业的生产模式不同，运营方式存在差异，相应人才在相邻地区无法得到作用最大化，进而人力资本不利于相邻地区的降碳减排。

环境规制总效应回归系数、直接效应回归系数与空间溢出效应回归系数在1%的显著性水平下均显著为正，说明环境规制对本地区碳排放强度具有正向作用，对相邻地区碳排放强度同样产生正向作用。与碳排放强度整体回归结果相一致，环境规制带来的环境治理成本是各个传统高耗能产业需要重点考虑的，因此，对于能源消耗性产业来说，环境规制并不能促进本地区和相邻地区碳排放强度的下降。

绿色创新技术直接效应回归系数为 $-0.126\,0$，在1%的显著性水平下通过检验，说明绿色创新技术对本地区碳排放强度的作用是负向的。这可能由于不断完善的顶层设计和绿色创新技术的引入，引导了绿色消费，促使生产绿色产品，全面推进高效节能、先进环保和资源循环利用产业体系建设，全面推动我国碳达峰、碳中和目标的实现。绿色创新技术的空间溢出效应系数与总效应系数均为负，与直接效应一致，但不具有显著的统计意义。人口密度的总效应系数、直接效应系数与空间溢出效应回归系数均为正，未通过显著性检验，不具有统计意义。

5.5.3　静态异质性分析

5.5.3.1　"后进省区"与"前进省区"数字经济碳减排基准回归

通过全样本基准回归分析结果可知，数字经济抑制碳排放强度的扩张，考虑不同类型省份的碳减排水平和数字经济发展水平有所差异，进而可能造成碳排放强度对数字经济的反应存在特质性，因此，进一步对划分的"后进省区"与"前进省区"进行空间异质性分析。"后进省区"包括河北、山西等13个省份，"前进省区"包括北京、上海等17个省份。得到的"后进省区"与"前进省区"空间异质性的基准回归结果如表5-5所示。

表 5-5 "后进省区"与"前进省区"基准回归

变量	全样本	"后进省区"	"前进省区"
lnDIGIT	−0.260 2***	−0.208 7***	−0.182 8**
	(−4.81)	(−4.63)	(−2.70)
W.lnDIGIT	−0.405 3**	−0.124 3	0.132 7
	(−2.38)	(−1.24)	(0.83)
控制变量	YES	YES	YES
年份固定	YES	YES	YES
sigma2_e	0.097 7***	0.097 7***	0.041 7***
	(15.25)	(15.25)	(11.45)
N	480	272	208

注：***、**、*分别表示统计量在1%、5%和10%的显著性水平下通过检验，（ ）内为Z值。

本书探索数字经济对"后进省区"与"前进省区"碳排放强度影响的空间差异，保证"后进省区"与"前进省区"空间杜宾模型的一致性，本书将控制变量统一，年份进行固定，得到了"后进省区"与"前进省区"碳排放强度的空间异质性基准回归结果。总体分析，全样本数字经济回归系数为−0.260 2，通过1%的显著性检验。"后进省区"数字经济的回归系数为−0.208 7，在1%的显著性水平下通过检验，说明数字经济对"后进省区"的碳排放强度仍存在抑制效果。"前进省区"数字经济的回归系数为−0.182 8，在5%的显著性水平下通过检验，表明数字经济对"前进省区"碳排放强度的作用效果与全样本、"后进省区"相一致。数字经济每增加1%，"后进省区"碳排放强度随之降低0.208 7%，"前进省区"碳排放强度则下降0.182 8%，表明随着数字经济发展水平的不断提高，"后进省区"碳排放强度下降程度高于"前进省区"，数字经济在"后进省区"的作用效果更加明显。这可能由于"后进省区"中河北省、山西省、内蒙古自治区、辽宁省、黑龙江省拥有着我国雄厚的重工业产业和丰富矿产资源，能源消耗量较大，二氧化碳排放量相对其他地区较多。因此，数字经济发展水平的逐步成熟，对于"后进省区"碳排放强度的影响巨大。另外，"后进省区"中部分省份位于我国西部地区，经济发展水平相对缓慢，数字经济的快速发展，为这些位于西部地区的"后进省区"增添了新鲜的经济发展活力，数字技术的投放使用，优化了资源的要素配置，改变了传统的高耗能行业生产运营模式，为"后进省区"向绿色化转型提供了新思路。"前进省区"中较多省份分布在我国东部地区，数字经济发展水平相对较高，数字经济发展提升空间相对较小，相较于"后进省区"，数字经济对碳排放强度的影响不明显。因此，应加大发展"后进省区"数字经济发展水平力度，降低"后进省区"碳排放总量，加快"后进省区"的绿色化进程。

5.5.3.2 "后进省区"与"前进省区"数字经济碳减排的静态效应分解

本书分析了"后进省区"与"前进省区"碳排放强度的空间效应，进一步将空间杜宾模型的影响效应进行分解，其中分解得到的直接效应表示"后进省区"和"前进省区"内部的溢出效应，空间溢出效应表示向相邻省份的外部溢出效应，总效应代表所有地区的碳排放强度对本地区和相邻地区影响因素的平均影响，"后进省区"与"前进省区"空间效应分解结果如表5-6所示。

表5-6 "后进省区"与"前进省区"空间效应分解

变量	"后进省区"	"前进省区"
直接效应 –lnDIGIT	−0.209 0*** （−4.19）	−0.195 9** （−2.71）
空间溢出效应 –lnDIGIT	0.007 9 （0.10）	0.163 0 （1.24）
总效应 –lnDIGIT	−0.201 0*** （−2.64）	−0.032 9 （−0.24）
控制变量	YES	YES
年份固定	YES	YES
N	272	208

注：***、**、*分别表示统计量在1%、5%和10%的显著性水平下通过检验，（ ）内为Z值。

"后进省区"数字经济直接效应回归系数为−0.209 0，在1%的显著性水平下通过检验，"前进省区"数字经济直接效应回归系数为−0.195 9，在5%的显著性水平下通过检验，说明无论是"前进省区"还是"后进省区"，发展数字经济均能抑制本地区碳排放强度的扩增，数字经济有效制约"前进省区"和"后进省区"二氧化碳的排放，"后进省区"数字经济直接效应的系数绝对值略高于"前进省区"，说明从直接效应来看，数字经济对"后进省区"碳排放强度的影响略高于"前进省区"，这与"后进省区"与"前进省区"基准回归结果保持一致。降碳减排进程中，在发展不同省区数字经济的同时，着重关注"后进省区"，结合"后进省区"自身发展特点，因地制宜地提出建设性意见与措施。"后进省区"与"前进省区"的空间溢出效应系数均未能通过显著性检验，可能由于本书研究数据是30个省（自治区、直辖市）碳排放强度的数据，而"后进省区"与"前进省区"涉及多个省域，网络效应更强。另外，根据前文分析可知，数字经济碳减排效应，溢出效用存在差异。因此，数字经济作用于相邻地区的碳排放强度无法度量。"后进省区"的总效应回归系数为 −0.201 0，在 1% 的显著性水平下通过检验，说明数字经济对"后进省区"碳排放强度总体影响是负向的，"后进省区"以数据为关键生产要素、以现代信息网络为重要载体、以数字技术应用为主要特征的经济形态，大力发展数字经济，建设资源节约、环境友好的绿色发展体系，为碳达峰、碳中和目标奠定坚实的基础。

5.5.4 稳健性检验

5.5.4.1 基准回归与空间效应分解稳健性检验

为了进一步确定空间杜宾模型回归结果以及空间效应分解结果的准确性，提高实证结论的可靠度，本书进行了稳健性检验。

第一，替换空间权重矩阵。空间权重矩阵是空间计量模型中的关键要素，它定义了空间单元之间的空间关系。使用不同的空间权重矩阵会改变空间单元之间的关联方式，所以不同的权重矩阵可能会对回归结果产生不同的影响。如果在替换空间权重矩阵后模型的主要结论依然保持一致，则说明模型结果是稳健的。本书将反距离空间权重矩阵替换为邻接矩阵和经济距离矩阵［30个省（自治区、直辖市）研究期内人均GDP差值绝对值的倒数］来检验基准回归和空间效应分解结果的稳健性，其结果如表5-7中第二列和第三列所示。

表5-7 基准回归与空间效应分解稳健性检验

变量	（1）邻接矩阵	（2）经济距离矩阵	（3）增加控制变量
lnDIDIT	−0.170 4***	−0.280 9***	−0.319 6***
	（−3.78）	（−5.50）	（−6.09）
W × lnDIDIT	0.379 3***	−0.019 5	−0.536 7***
	（4.24）	（−0.20）	（−3.15）
直接效应	−0.148 8***	−0.282 6***	−0.337 7***
	（−3.01）	（−5.20）	（−6.13）
空间溢出效应	0.424 1***	0.044 0	−0.713 7***
	（3.43）	（0.51）	（−3.61）
总效应	0.275 3*	−0.238 6***	−1.051 0***
	（1.82）	（−2.77）	（−4.78）

续　表

变量	（1）邻接矩阵	（2）经济距离矩阵	（3）增加控制变量
rho	0.228 3***	−0.259 9***	0.187 6**
	（3.79）	（−4.13）	（2.34）
sigma2_e	0.086 6***	0.111 7***	0.091 4***
	（15.39）	（15.31）	（15.32）
N	480	480	480
R²	0.575 9	0.716 2	0.690 4
控制变量	YES	YES	YES
个体效应	YES	YES	YES
时间效应	YES	YES	YES

注：***、**、*分别表示统计量在1%、5%和10%的显著性水平下通过检验，（）内为Z值。

由表5-7的回归结果可知，更换空间权重矩阵为邻接矩阵后的回归结果显示，数字经济发展水平回归系数为−0.170 4，在1%的显著性水平下通过检验。从效应分解来看，数字经济发展水平对碳排放强度的直接效应、空间溢出效应、总效应的回归系数分别为−0.148 8、0.424 1、0.275 3，各自在1%、1%、10%的显著性水平下通过检验。

替换空间权重矩阵为经济距离矩阵的回归结果显示，数字经济发展水平的回归系数为−0.280 9，在1%的显著性水平下通过检验。从效应分解来看，数字经济发展水平对碳排放强度的直接效应、总效应的回归系数分别为−0.282 6、−0.238 6，都在1%的显著性水平下通过检验。

第二，增加控制变量。在空间计量模型中，控制变量是用于控制其他可能影响被解释变量的因素，通过增加控制变量可以减少遗漏变量的可能性。经济发展是环境治理、科技创新等促进区域低碳发展条件的实现基础（侯宇琦，2021）[268]。本书将人均GDP作为经济发展水平的表征指标加入控制变量中进行稳健性检验。其回归结果如表5-7中第四列所示。

增加控制变量人均GDP后，数字经济发展水平的回归系数为−0.319 6，在1%的显著性水平下通过检验。从效应分解来看，数字经济发展水平对碳排放强度的直接效应、空间溢出效应、总效应的回归系数分别为−0.337 7、−0.713 7、−1.051 0，都在1%的显著性水平下通过检验。

第三，被解释变量、核心解释变量缩尾处理。样本数据中可能会存在异常值，而空间杜宾模型是一种复杂的空间计量模型，它涉及空间滞后项的计算和估计，模型对数据质量较为敏感，异常值会对模型估计产生较大影响。本书分别对被解释变量碳排放强度和核心解释变量数字经济发展水平的数据进行了1%右侧缩尾处理。其稳健性检验结果如表5-8中第二列和第三列所示。

表5-8　基准回归与空间效应分解稳健性检验

变量	（4）被解释变量缩尾	（5）核心解释变量缩尾	（6）剔除直辖市
lnDIDIT	−0.259 7***	−0.275 4***	−0.290 8***
	（−5.17）	（−5.44）	（−6.01）
W×lnDIDIT	−0.315 9*	−0.340 6**	0.194 1
	（−1.88）	（−2.04）	（1.25）
直接效应	−0.279 1***	0.295 3***	−0.282 5***
	（−5.11）	（−5.39）	（−5.09）
空间溢出效应	−0.527 5**	−0.556 7**	0.129 9
	（−2.21）	（−2.38）	（0.49）
总效应	−0.806 6***	−0.852 0***	−0.152 6
	（−3.02）	（−3.36）	（−0.51）
rho	0.293 7***	0.283 3***	0.396 7***
	（3.92）	（3.74）	（5.33）
sigma2_e	0.096 7***	0.095 8***	0.072 5***
	（15.24）	（15.23）	（14.17）
N	480	480	416
R^2	0.612 5	0.624 2	0.580 3
控制变量	YES	YES	YES
个体效应	YES	YES	YES
时间效应	YES	YES	YES

注：***、**、*分别表示统计量在1%、5%和10%的显著性水平下通过检验，（）内为Z值。

　　由表5-8的回归结果可知，被解释变量缩尾1%时，数字经济发展水平的回归系数为−0.259 7，在1%的显著性水平下通过检验。从效应分解来看，数字经济发展水平对碳排放强度的直接效应、空间溢出效应、总效应的回归系数分别为−0.279 1、−0.527 5、−0.806 6，各自在1%、5%、1%的显著性水平下通过检验。核心解释变量缩尾1%时，数字经济发展水平的回归系数为−0.275 4，在1%的显著性水平下通过检验。从效应分解来看，数字经济发展水平对碳排放强度的直接效应、空间溢出效应、总效应的回归系数分别为0.295 3、−0.556 7、−0.852 0，各自在1%、5%、1%的显著性水平下通过检验。

第四，剔除直辖市。考虑到直辖市因其特殊的行政地位，在地域、政治经济、科技发展、政策冲击等方面相较于一般省份具有显著优势与差异，这种差异可能导致研究结果出现偏差。为解决由此带来的结果不准确问题，本书将北京、天津、上海、重庆4个直辖市进行剔除，利用26个样本省份共416个样本对模型和效应分解重新回归。回归结果如表5-8中第四列所示。剔除直辖市后的回归结果显示，数字经济发展水平的回归系数为-0.290 8，在1%的显著性水平下通过检验。从效应分解来看，数字经济发展水平对碳排放强度的直接效应的回归系数为-0.282 5，在1%的显著性水平下通过检验。

从整体来看，数字经济的发展能够有效抑制碳排放强度的增加，这一结论具有稳健性。从效应分解来看，数字经济对本地区碳排放强度具有负向作用，能够间接抑制相邻地区碳排放强度的扩增，阻碍碳排放强度的增加这些结论与实证结果相一致。rho 在六种稳健性方法下均显著，说明存在空间自相关，碳减排效应在空间上存在集聚特征。sigma2_e（残差方差）在六种稳健性方法下也均显著，说明模型残差存在一定的异质性。R² 在不同方法下都表明模型对数据具有解释能力。总体来说，上述结果同基准回归与效应分解结果一致，进一步说明得出的结论具有稳健性。

5.5.4.2 "前进省区"与"后进省区"静态异质性稳健性检验

为了进一步提高"前进省区"与"后进省区"静态异质性检验结果的准确性，本书进行如下稳健性检验，结果如表5-9、表5-10所示。第一，将反距离空间权重矩阵替换为经济距离空间权重矩阵（"前进省区"为17个省份研究期内人均GDP差值绝对值的倒数；"后进省区"为13个省份研究期内人均GDP差值绝对值的倒数）。

表5-9 "前进省区"静态异质性稳健性检验

变量	（1）经济距离矩阵	（2）增加控制变量	（3）变量缩尾
lnDIDIT	-0.405 7***	-0.366 1***	-0.426 3***
	（-6.83）	（-6.15）	（-8.19）
W × lnDIDIT	-0.109 8	-0.366 6***	-0.554 1***
	（-0.75）	（-2.92）	（-4.56）
直接效应	-0.401 9***	-0.334 7***	-0.387 1***
	（-6.46）	（-5.46）	（-7.30）
空间溢出效应	-0.041 4	-0.241 7**	-0.317 6***
	（-0.30）	（-2.08）	（-3.17）

变量	（1）经济距离矩阵	（2）增加控制变量	（3）变量缩尾
总效应	−0.443 3***	−0.559 4***	−0.704 7***
	（−3.24）	（−5.36）	（−6.64）
rho	−0.161 7*	−0.308 8***	−0.385 1***
	（−1.73）	（−3.24）	（−4.21）
sigma2_e	0.050 4***	0.040 8***	0.036 0***
	（11.59）	（11.48）	（11.40）
N	272	272	272
R^2	0.748 4	0.438 8	0.422 4
控制变量	YES	YES	YES
个体效应	YES	YES	YES
时间效应	YES	YES	YES

注：***、**、*分别表示统计量在1%、5%和10%的显著性水平下通过检验，（　）内为Z值。

由表5-9的回归结果可知，权重矩阵更换为经济距离矩阵，"前进省区"数字经济发展水平的回归系数为−0.4057，在1%的显著性水平下通过检验。从效应分解来看，数字经济发展水平对碳排放强度的直接效应、总效应的回归系数分别为−0.4019、−0.4433，都在1%的显著性水平下通过检验。

第二，增加控制变量。将人均GDP作为经济发展水平的表征指标加入控制变量。其结果如表5-9中第三列所示，增加控制变量人均GDP后，"前进省区"数字经济发展水平的回归系数为−0.366 1，在1%的显著性水平下通过检验。从效应分解来看，数字经济发展水平对碳排放强度的直接效应、空间溢出效应、总效应的回归系数分别为−0.334 7、−0.241 7、−0.559 4，各自在1%、5%、1%的显著性水平下通过检验。

第三，变量缩尾。将全变量实证数据进行1%缩尾处理以消除极端值对回归结果造成的偏误。结果如表5-10中第四列所示，全变量缩尾1%，"前进省区"数字经济发展水平的回归系数为−0.426 3，在1%的显著性水平通过检验。从效应分解来看，数字经济发展水平对碳排放强度的直接效应、空间溢出效应、总效应的回归系数分别为−0.387 1、−0.317 6、−0.704 7，都在1%的显著性水平下通过检验。

"后进省区"静态异质性稳健性检验方法与"前进省区"一样，第一，将反距离空间权重矩阵替换为经济距离空间权重矩阵。更换权重矩阵后的回归结果见表5-10。

表5-10 "后进省区"静态异质性稳健性检验

变量	（1）经济距离矩阵	（2）增加控制变量	（3）变量缩尾
lnDIDIT	−0.330 9***	−0.302 9***	−0.228 8***
	（−5.62）	（−7.37）	（−5.74）
W×lnDIDIT	0.047 0	−0.121 3	−0.097 0
	（0.307 4）	（−1.40）	（−1.02）
直接效应	−0.341 7***	−0.317 4***	−0.239 7***
	（−5.33）	（−6.78）	（−5.12）
空间溢出效应	0.125 7	0.061 6	0.046 1
	（0.968 5）	（0.93）	（0.61）
总效应	−0.216 0*	−0.255 8***	−0.193 6***
	（−1.76）	（−4.13）	（−2.91）
rho	−0.342 8**	−0.650 2***	−0.666 7***
	（−2.55）	（−7.44）	（−7.39）
sigma2_e	0.052 1***	0.019 7***	0.024 6***
	（9.95）	（9.44）	（9.38）
N	208	208	208
R^2	0.487 5	0.664 9	0.733 5
控制变量	YES	YES	YES
个体效应	YES	YES	YES
时间效应	YES	YES	YES

注：***、**、*分别表示统计量在1%、5%和10%的显著性水平下通过检验，（）内为Z值。

由表5-10的回归结果可知，权重矩阵更换为经济距离矩阵后，"后进省区"数字经济发展水平的回归系数为−0.3309，在1%的显著性水平下通过检验。从效应分解来看，数字经济发展水平对碳排放强度的直接效应、总效应的系数分别为−0.3417、−0.2160，各自在1%、10%的显著性水平下通过检验。

第二，增加控制变量。将人均GDP作为经济发展水平的表征指标加入控制变量。结果如表5-10中第三列所示，增加控制变量人均GDP后，"后进省区"数字经济发展水平的回归系数为−0.3029，在1%的显著性水平通过检验。从效应分解来看，数字经济发展水平对碳排放强度的直接效应、总效应的回归系数分别为−0.3174、−0.2558，都在1%的显著性水平下通过检验。

第三，变量缩尾。将全变量实证数据进行1%缩尾处理以消除极端值对回归结果造成的偏误。结果如表5-10中第四列所示，全变量缩尾1%后，"后进省区"数字经济发展水平的回归系数为 −0.228 8，在 1% 的显著性水平通过检验。从效应分解来看，数字经济发展水平对碳排放强度的直接效应、总效应的回归系数分别为 −0.237 9、−0.193 6，都在 1% 的显著性水平下通过检验。

从整体来看，数字经济不管是对"前进省区"还是"后进省区"的碳排放强度都存在抑制效果，与全样本结论一致。从分解效应来看，"前进省区"和"后进省区"内部的溢出效应（直接效应）、向相邻省份的外部溢出效应（空间溢出效应）以及代表所有地区碳排放强度对本地区和相邻地区影响因素的平均影响的总效应都通过检验，表明无论是"前进省区"还是"后进省区"，发展数字经济均能抑制本地区碳排放强度的扩增，同时还存在对邻近地区的溢出效应，这些结论与实证结果一致。rho 与 sigma2_e 在三种稳健性检验方法下均显著，R^2 也在不同方法下都表明模型对数据具有解释能力，说明所得结论具有稳健性。

5.6 "后进省区"与"前进省区"数字经济赋能碳减排动态效应分解

本书采用静态杜宾模型将数字经济对碳减排的影响效应进行了分解，发现数字经济能够有效降低碳排放强度，然而静态杜宾模型的空间效应分解反映的是长期影响，无法解释短期内数字经济对碳排放强度的作用程度，因此，本书进一步通过构建动态空间杜宾模型，探索"后进省区"与"前进省区"数字经济碳减排的短期动态效应。回归结果如表 5-11 所示。

表 5-11 "后进省区"与"前进省区"短期动态效应分解

变量	"后进省区"	"前进省区"
短期直接效应 −lnDIGIT	−0.037 9*** （−2.12）	0.045 2** （2.98）
短期空间溢出效应 −lnDIGIT	−0.042 9 （−1.02）	0.121 8** （3.03）
短期总效应 −lnDIGIT	−0.081 8 （−1.61）	0.167 0*** （3.59）
控制变量	YES	YES
年份固定	YES	YES
N	272	208

注：***、**、* 分别表示统计量在 1%、5% 和 10% 的显著性水平下通过检验，（ ）内为 Z 值。

　　"后进省区"数字经济短期直接效应的回归系数为 −0.037 9，在1%的显著性水平下通过检验，说明短期内"后进省区"数字经济的发展抑制碳排放强度的提高，在"双碳"目标背景下，碳排放成为我国产业发展面临的巨大挑战，"后进省区"资源丰富，新能源富集。从能源供给侧分析，数字经济依靠数据爬虫、数字孪生技术重构了现代能源管理系统，提高了传统产业加工转换效率以及能源输送、储存效率，在很大程度上降低了生产环节的管理成本。从能源需求侧分析，数字经济为现有的能源体系注入活力，数字技术的应用有助于碳排放源的锁定，为我国碳排放权交易市场等相关设施创造了发挥空间。"后进省区"数字经济短期空间溢出效应的回归系数、总效应的回归系数均未通过显著性检验，不具有统计意义，无法具体判断"后进省区"数字经济的短期空间溢出效应与总效应的作用程度。"前进省区"数字经济短期直接效应的回归系数为0.045 2，在5%的显著性水平下通过检验，说明对于"前进省区"来说，短期内数字经济对"前进省区"的碳排放强度影响是正向的。这可能与能源回弹[269]有关，"前进省区"经济发展迅速，短期内数字经济推动产业转型过程中拉动了能源需求的增长，造成了能源回弹现象。"前进省区"数字经济短期空间溢出效应的回归系数为0.121 8，在5%的显著性水平下通过检验，即短期内"前进省区"数字经济提高相邻省区的碳排放强度。"前进省区"数字经济短期总效应的回归系数显著为正，表明短期内数字经济对碳排放强度的总体影响是正向的。短期内"前进省区"数字经济的技术效应率先优化产业内部组织的分工协作，提高资源的生产效率，进而在一定程度上促进碳排放强度的增加。但从长期来看，"前进省区"仍旧是抑制碳排放强度，因此，根据"后进省区"与"前进省区"长期和短期发展趋势，因地制宜地制定碳减排政策与措施，有利于我国"双碳"目标的实现。

5.7　本章小结

　　2006—2021年间碳排放强度全局莫兰指数均通过了显著性检验，碳排放强度存在空间自相关性，碳排放强度在不同地理位置相近的30个样本省（自治区、直辖市）表现出空间集聚性。根据局部莫兰指数图可以发现，30个样本省（自治区、直辖市）碳排放强度之间存在着较强的空间集聚性，并且各省份之间的空间集聚程度几乎稳定保持在同一水平，波动不大。

空间杜宾模型基准回归结果显示，数字经济的发展能够有效抑制碳排放强度的增加，数字经济发展每提升1%，碳排放强度降低0.260 2%，并且从空间滞后项系数来看，数字经济对邻近地区碳排放强度产生显著的阻碍影响。从五个控制变量来看，能源消费结构对碳排放强度的影响是正向的，能源消费结构对本地区碳排放强度的促进作用大于对邻近地区碳排放强度的空间溢出效应；而人力资本不仅提高了本地区碳排放强度，还会推动邻近地区碳排放强度的提高；环境规制能够促进碳排放强度的提高；绿色创新技术可以抑制碳强度的提高；人口密度提高会进一步导致碳排放强度的提高。

从效应分解来看，数字经济的总效应显著为负，说明数字经济阻碍了碳排放强度的提高。从直接效应来看，数字经济对本地区碳排放具有负向作用；从空间溢出效应来看，数字经济能够间接抑制相邻地区碳排放强度的扩增。从控制变量的效应分解来看，能源结构对本地区碳排放强度的影响高于相邻地区碳排放强度的影响；人力资本对碳排放强度的影响是积极的，同时对相邻地区碳排放强度的影响起到推动作用；环境规制对本地区和相邻地区碳排放强度都具有正向作用；绿色创新技术对本地区碳排放强度的作用是负向的；人口密度的总效应系数、直接效应系数与空间溢出效应回归系数均为正，未通过显著性检验，不具有统计意义。

从区分"后进省区"和"前进省区"的基准回归与效应分解来看，数字经济对"后进省区"碳排放强度的抑制作用略高于"前进省区"。从短期来看，"后进省区"的数字经济发展显著抑制本地区碳排放强度的提高，且抑制相邻地区碳排放强度的提高，但不具有统计显著性；数字经济对"前进省区"碳排放强度的影响显著为正，且"前进省区"发展数字经济显著提高邻近省区碳排放强度。以上结论在多种稳健性方法的检验下仍然成立。

6　数字经济赋能碳减排的作用路径解析

基于数字经济碳减排理论机理，构建中介效应模型验证绿色技术创新效应、能源消费结构效应、产业结构效应在数字经济减碳效应中的作用强度，为后续构建"后进省区"碳减排目标提供路径支持。

6.1 中介效应模型简介

中介效应最早由英国化学家克里斯托夫提出，反映电子转移的效应关系，属于有机分子结构理论发展过程中的一种学说，随后这一理论被广泛应用于社会科学领域。中介效应考虑解释变量X对被解释变量Y的作用关系，解释变量X不仅通过自身影响被解释变量Y，还通过影响M来影响被解释变量Y，那么就称M为中介变量，该反应为中介效应。通常情况下，要求解释变量、被解释变量与中介变量为定量变量，模型解释为：

$$Y = cX + e_1$$
$$M = aX + e_2 \qquad\qquad (6-1)$$
$$Y = c'X + bM + e_3$$

其中，c表示解释变量X对被解释变量Y的效应，a表示解释变量X对中介变量M的效应，b表示在控制解释变量X下，中介变量M对被解释变量Y的效应。中介效应分为总效应、直接效应和间接效应，总效应是指解释变量X对被解释变量Y的影响效应，直接效应是指在引入中介变量后解释变量X对被解释变量Y的作用效应，间接效应是指引入中介变量后，式6–1中将解释变量对中介变量的影响效应带入解释变量、中介变量对被解释变量影响公式后，解释变量X对被解释变量Y的间接影响效应，表示为$c = c' + ab$。

中介效应的检验方法有四种，分别为逐步回归法、系数乘积检验法、系数差异检验法以及Bootstrap检验法。从某种意义来说，上述四种方法的原理基本一致，而区别在于标准度不同。

6.1.1 逐步回归法

逐步回归法又称为逐步因果法，1986年由Baron和Kenny提出。检验步骤为三步，第一步为X对Y进行回归，判断回归系数c的显著性，第二步为X对M进行回归，判断回归系数a的显著性，第三步为X与M对Y进行回归，判断回归系数c'和b的显著性。当回归系数a、b、c均显著时，表示存在中介效应，此时当回归系数c'不显著时，说明该中介效应为完全中介效应，若回归系数c'显著，且$c'<c$时，说明该中介效应为部分中介效应。逐步回归法被广泛使用，但存在一定缺陷，即当回归系数a或回归系数b其中有一个不显著时，将无法判断中介效应是否显著。

6.1.2　系数乘积检验法

系数乘积检验法主要是检验回归系数a与回归系数b的乘积是否显著不为0，原假设为回归系数a与回归系数b乘积为0，即H_0：$ab=0$。系数乘积法主要分为两类，一类是基于中介效应抽样分布为正态分布的Sobel检验，另一类是基于中介效应抽样分布为非正态分布的不对称置信区间。通常情况下，推荐使用1982年由Sobel提出的检验公式进行分析，因此系数乘积检验法也称Sobel检验。Sobel检验的前提条件为$\hat{a}\hat{b}$服从正态分布，Sobel检验主要通过构建回归系数ab乘积的统计量t来估计置信区间，t统计量公式为：

$$t = \frac{\hat{a}\hat{b}}{\sqrt{\hat{a}^2 s_b^2 + \hat{b}^2 s_a^2}} \tag{6-2}$$

其中，$\hat{a}$、$\hat{b}$分别为a与b的回归系数，s_a与s_b分别表示a与b的标准误。

6.1.3　系数差异检验法

系数差异检验法主要是检验回归系数c与回归系数c'之差是否显著不为0，原假设为回归系数c与回归系数c'之差等于0，即H_0：$c-c'=0$。系数乘积检验法与系数差异检验法的检验程度基本一致，区别在于两者的标准误有所不同，系数差异检验法构造的标准误为：

$$s_{c-c'} = \sqrt{s_c^2 + s_{c'}^2 - 2rs_c^2 s_{c'}^2} \tag{6-3}$$

其中，s_c与$s_{c'}$分别表示直接效应估计系数c与c'的标准误，r为解释变量与中介变量之间的相关系数。通过构造的标准误建立t统计量进行检验，t统计量为：

$$t = \frac{c-c'}{s_{c-c'}} \tag{6-4}$$

2002年MacKinnon通过模拟研究发现，系数乘积检验法和系数差异检验法相比于逐步检验法更为准确，并且更具统计效力。

6.1.4　Bootstrap 检验法

Bootstrap 检验法由 Efron 在 1977 年首次提出，是一种重要的统计推断方法。Bootstrap 检验法适用于多种中介效应模型，其中包括中样本和小样本数据。具体操作是以研究样本为抽样总体，采用放回抽样的方式，从研究样本中反复抽取一定数量的样本，最后通过平均每次抽样得到的参数作为最终估计结果。Bootstrap 检验法是一种非参数检验方法，通过样本代表总体。

6.2　中介变量选取及数据来源

6.2.1　中介变量选取

6.2.1.1　绿色创新技术（GTI）

绿色实用性技术申请个数是衡量绿色创新技术的关键指标，而绿色创新技术可以直接体现一个地区科技创新技术水平的高低。绿色创新技术的投入，改变了传统高能耗产业的生产模式和运营模式，促使高能耗产业向绿色化转型，推动产业结构升级，进而使得碳排放总量减少，碳排放强度降低，能够显著抑制碳排放。本章依旧采用绿色实用性技术申请个数来衡量地区绿色科技创新水平的高低程度，以此来分析其在数字经济赋能碳排放过程中的作用。

6.2.1.2　能源消费结构（EC）

我国能源结构以煤炭消费为主，其中煤炭消耗占比高达 56%，煤炭资源被大量消耗的同时也会造成二氧化碳的排放，因此，要想实现"双碳"目标，能源结构的调整势在必行，伴随数字经济的发展，能源结构出现新调整，清洁技术改变了能源结构，降低了能源消耗，为碳减排奠定了基础。因此本部分选取能源消费结构指标作为中介变量，探索能源结构调整是否对数字经济的碳减排效应产生影响。本章能源结构指标仍采用煤炭消费占能源消费总量的比重来反映。

6.2.1.3　产业结构（IS）

产业结构是指农业、工业和服务业在一国经济结构中所占的比重。工业是我国国民经济的主导产业、能源资源消耗和环境污染排放的重点领域，也是碳排放大户。在我国"双碳"目标指引下，工业领域亟须从优化产业结构、调整能源消费结构、强化新一代信息技术的工业应用、提高能源资源利用效率等方面着手，推进碳减排工作。本书使用第二产业在地区生产总值中的占比来衡量产业结构，以此来研究其对在数字经济赋能碳排放过程中的作用。

6.2.2　数据来源

本书选取2006—2021年我国30个省（自治区、直辖市）（由于数据缺失，西藏和港澳台地区除外）的面板数据进行分析，所涉及的数据来自国家统计局官网、中经网统计数据库、《中国统计年鉴》和各个省份统计年鉴。对于缺失数据，使用线性插值法进行填补。

6.3　数字经济赋能碳减排的中介效应模型设定

本书借鉴温忠麟等的研究方法和检验步骤构建中介效应检验模型，来探究数字经济影响碳减排的作用路径。具体构建的模型如下：

$$\ln(CT_{it}) = \beta_0 + \beta_1 \ln(Digit_{it}) + \beta_2 \ln(Control_{it}) + \mu_i + \gamma_t + \varepsilon_{it}$$
$$\ln(M_{it}) = \theta_0 + \theta_1 \ln(Digit_{it}) + \theta_2 \ln(Control_{it}) + \mu_i + \gamma_t + \varepsilon_{it} \quad (6\text{-}5)$$
$$\ln(CT_{it}) = \phi_0 + \phi_1 \ln(Digit_{it}) + \phi_2 \ln(M_{it}) + \phi_3 \ln(Control_{it}) + \mu_i + \gamma_t + \varepsilon_{it}$$

为了避免数据差异过大导致的回归问题，本书所涉及的控制变量均进行取对数处理，同时在建模过程中还控制了年度和省份固定效应。其中，M为中介变量，分别为绿色创新技术（GTI）、能源消费结构（EC）、产业结构（IS），控制变量选取人力资本（HC）、环境规制（ER）、人口密度（PD），μ_i表示个体固定效应；γ_t表示时间固定效应；ε_{it}表示服从正态分布的随机误差项。

中介效应的检验步骤：①检验β_1的显著性，如果β_1显著，则进行下一步检验；如果β_1不显著，考虑存在遮掩效应，进入第四步Bootstrap检验。②依次检验θ_1和ϕ_2的显著性，如果θ_1和ϕ_2都显著，则存在中介效应，进入第三步；如果θ_1和ϕ_2中至少有一个不显著，则进入第四步Bootstrap检验。③如果ϕ_1显著，则中介效应显著；如果ϕ_1不显著，则为完全中介效应。④如果Bootstrap检验显著，则中介效应显著；如果Bootstrap检验不显著，则中介效应不显著。

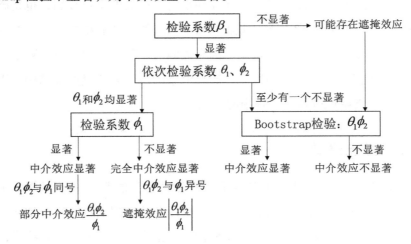

图6-1　中介效应检验流程图

6.4　数字经济赋能碳减排的作用路径解析

6.4.1　"全域范围"作用路径分析

6.4.1.1　*绿色创新技术的中介效应检验*

采用逐步回归法检验绿色创新技术在数字经济赋能碳减排中的中介效应，检验结果见表6-1。

表6-1　全部省域GTI中介效应逐步回归检验结果

	CT	GTI	CT
DIGIT	−0.322*** （−2.85）	0.723** （2.38）	−0.386*** （−3.30）
GTI			0.088* （1.93）
控制变量	YES	YES	YES
Cons	5.406** （2.21）	7.479 （1.61）	4.746** （2.06）
N	480	480	480

	CT	GTI	CT
R^2	0.816 8	0.930 2	0.826 0
Province			
Year	YES	YES	YES

注：***、**、*分别表示统计量在1%、5%和10%的显著性水平下通过检验，（ ）内为t值。

逐步回归检验结果显示，在不考虑中介变量影响的情况下，数字经济发展水平对碳排放强度的直接影响系数为−0.322，在1%的显著性水平下通过了显著性检验，即在全部省域视角下，数字经济的发展抑制碳排放强度提升，数字经济水平越高，碳排放强度越低，这对于低碳经济发展具有积极作用。引入绿色创新技术因素后，数字经济对绿色创新技术的影响系数为0.723，且通过5%的显著性水平检验，说明数字经济对绿色创新技术的影响是正向的。究其原因，数字经济发展过程中的新型基础设施可以通过提高信息化水平促进绿色创新技术[270]，还可以通过提升创新能力、降低创新风险等途径促进技术创新[271]。从间接影响的角度分析发现，绿色创新技术对碳排放强度有较为显著的正向作用，且引入绿色创新技术之后，数字经济对碳排放强度的间接系数为−0.386，数字经济对碳排放强度的负向作用增大且变得更加显著，说明绿色创新技术在数字经济赋能碳减排路径中存在显著的中介效应。

为进一步明确绿色创新技术中介效应（即间接效应）的强度，选用Bootstrap检验法进行检验，重复500次的Bootstrap检验结果（表6−2）显示绿色创新技术中介效应的置信区间不包括0，且中介效应的估计值为−0.181，与表6−1中第三列数字经济对碳排放的回归系数同为负值，说明绿色创新技术存在部分中介效应。

效应强度为：$\dfrac{-0.181}{-0.386} = 0.4689$。

表6−2　全部省份GTI中介效应Bootstrap检验结果

	估计值	标准误	Z统计量值	P值	置信区间
间接效应	−0.181	0.053	−3.45	0.001	[−0.284, −0.078]
直接效应	−0.049	0.062	−0.79	0.429	[−0.170, 0.072]

6.4.1.2　能源消费结构的中介效应检验

采用逐步回归法检验全部省域能源消费结构在数字经济赋能碳减排过程中的中介效应，检验结果见表6−3。

表6–3 全部省份EC中介效应逐步回归检验结果

	CT	EC	CT
DIGIT	−0.322*** (−2.85)	−0.008 (−0.06)	−0.320*** (−2.98)
EC			0.192*** （3.00）
控制变量	YES	YES	YES
Cons	5.406** （2.21）	7.562 （1.18）	3.951* （1.90）
N	480	480	480
R^2	0.816 8	0.278 8	0.845 3
Province			
Year	YES	YES	YES

注：***、**、*分别表示统计量在1%、5%和10%的显著性水平下通过检验，（ ）内为t值。

逐步回归结果显示，引入能源消费结构因素后，数字经济发展水平对碳排放强度的负向作用变得更加显著，且此时能源消费结构对碳排放强度有显著的正向作用，影响系数为0.192，但数字经济对能源消费结构的影响系数为−0.008，在显著性水平为0.1的情况下并未通过检验，因而需要进行Bootstrap检验进一步确认能源消费结构的中介效应是否存在，检验结果见表6–4。

表6–4 全部省份EC中介效应Bootstrap检验结果

	估计值	标准误	Z统计量值	P值	置信区间
间接效应	0.099	0.015	6.42	0.000	［0.069，0.129］
直接效应	−0.329	0.027	−12.29	0.000	［−0.381，−0.276］

重复500次的Bootstrap检验结果显示，能源消费结构中介效应的置信区间不包括0，说明其在数字经济赋能碳减排路径中存在显著的中介效应。这可能是因为数字经济依托数字技术，数字技术驱动能源创新突破，促使能源系统进入绿色发展。同时，数字化监控和智能化管理纳入能源基础设施的建设，使数据、技术、知识等生产要素有效融合，进而推进了能源消费结构改革，减少了煤炭消耗，最终降低了碳排放强度。

6.4.1.3 产业结构的中介效应检验

由表6-5可知，在全域视角下，数字经济对产业结构的影响系数为0.227，且通过1%的显著性水平的检验，说明数字经济可以调整产业结构。数字经济的蓬勃发展促进产业结构合理布局，推动产业结构向更高水平演进，最终推动产业结构的优化和升级[272]。在引入产业结构因素后，数字经济发展水平对碳排放强度的抑制作用变得更大，且产业结构对碳排放有较为显著的正向作用，说明产业结构在数字经济赋能碳减排路径中存在完全中介效应。

表6-5　全部省份IS中介效应逐步回归检验结果

	CT	IS	CT
DIGIT	−0.322***	0.227***	−0.397***
	（−2.85）	（3.60）	（−3.37）
IS			0.329*
			（1.90）
控制变量	YES	YES	YES
Cons	5.406**	4.234**	4.014*
	（2.21）	（2.42）	（1.76）
N	480	480	480
R^2	0.816 8	0.762 9	0.823 6
Province			
Year	YES	YES	YES

注：***、**、*分别表示统计量在1%、5%和10%的显著性水平下通过检验，（ ）内为t值。

下面利用Bootstrap检验方法进一步测度产业结构中介效应强度，检验结果见表6-6。

表6-6　全部省份IS中介效应Bootstrap检验结果

	估计值	标准误	Z统计量值	P值	置信区间
间接效应	0.163	0.026	6.23	0.000	［0.112, 0.215］
直接效应	−0.393	0.041	−9.69	0.000	［−0.473, −0.314］

由表6-6可知，产业结构中介效应的置信区间不包含0，且估计值显著为正，为0.163，说明产业结构中介效应显著存在。而表6-5中第三列数字经济对碳排放强度的回归系数显著为负，说明产业结构在数字经济赋能碳减排路径中表现为遮掩效应，且强度为0.410 6。

6.4.2 "前进省区"作用路径分析

6.4.2.1 绿色创新技术的中介效应检验

由表6–7可知,在"前进省区"视角下,未加入中介变量绿色创新技术之前,数字经济发展水平对碳排放强度的负向直接效应不显著。考虑逐步回归法步骤顺序的局限性,因而此时中介变量在数字经济赋能碳减排路径过程中可能存在遮掩效应,导致在未加入中介变量之前数字经济对碳排放强度的影响不显著,故在"前进省区"视角下对中介变量的分析均需再使用Bootstrap进行检验。

"前进省区"数字经济对绿色创新技术的影响系数为1.164,且通过1%的显著性水平的检验。相较于全域视角,数字经济对绿色创新技术的正向影响更为显著,"前进省区"中"北上广"等省份数字技术和创新水平位居前列,这也合理解释了"前进省区"数字经济发展对绿色创新技术拥有更强的推动力。在加入绿色创新技术因素后,数字经济对碳排放强度的负向作用由不显著变为显著。因此,对于"前进省区",促进绿色创新技术在数字经济赋能碳减排的过程中尤为重要。政府应推出与绿色科技创新相关的持续鼓励政策,使该领域获得额外的激励和扶持,同时加强绿色低碳的高端人才队伍培育,积极建立和完善与绿色环保相关的法律法规体系和知识产权保护机制,多项并行保障并激励绿色创新技术更有利于"前进省区"碳减排工作的开展。

表6–7 "前进省区"GTI中介效应逐步回归检验结果

	CT	GTI	CT
DIGIT	−0.078 (−0.69)	1.164*** (4.52)	−0.224** (−2.26)
GTI			0.126*** (2.97)
控制变量	YES	YES	YES
Cons	5.954*** (3.81)	11.464*** (3.15)	4.515*** (3.24)
N	272	272	272
R^2	0.941 6	0.967 9	0.947 8
Province	YES	YES	YES
Year	YES	YES	YES

注:***、**、*分别表示统计量在1%、5%和10%的显著性水平下通过检验,( )内为t值。

但逐步回归检验法无法判断绿色创新技术是否具有中介效应，故再采用Bootstrap方法进行判断（表6-8），检验结果显示，中介效应的估计值为0.146，置信区间不包括0，说明绿色创新技术中介效应显著存在，且为正向影响。而表6-7中第三列数字经济对碳排放强度的回归系数显著为负，说明"前进省区"的绿色创新技术在数字经济赋能碳减排路径中表现为遮掩效应，且强度为0.651 8，也合理解释了逐步回归第一步中数字经济对碳排放强度的负向影响不显著的结果。

表6-8 "前进省区"GTI中介效应Bootstrap检验结果

	估计值	标准误	Z统计量值	P值	置信区间
间接效应	0.146	0.042	3.48	0.000	[0.064, 0.228]
直接效应	−0.224	0.065	−3.44	0.001	[−0.352, −0.096]

6.4.2.2 能源消费结构的中介效应检验

下面采用逐步回归法检验"前进省区"能源消费结构的中介效应，检验结果见表6-9。

表6-9 "前进省区"EC中介效应逐步回归检验结果

	CT	EC	CT
DIGIT	−0.078 (−0.69)	0.530 (1.40)	−0.120 (−1.21)
EC			0.079*** (3.14)
控制变量	YES	YES	YES
Cons	5.954*** (3.81)	11.292 (1.37)	5.060*** (3.98)
N	272	272	272
R^2	0.941 6	0.438 5	0.946 1
Province	YES	YES	YES
Year	YES	YES	YES

注：***、**、*分别表示统计量在1%、5%和10%的显著性水平下通过检验，（）内为t值。

由表6-9可知，在"前进省区"视角下，引入能源消费结构因素后，数字经济发展水平对碳排放强度的负向作用仍然不显著，数字经济对能源消费结构的作用也不显著，但能源消费结构对碳排放强度存在显著的正向作用。此时逐步回归无法判断能源消费结构是否具有中介效应，故需使用Bootstrap法进行检验，检验结果见表6-10。

表6-10 "前进省区"EC中介效应Bootstrap检验结果

	估计值	标准误	Z统计量值	P值	置信区间
间接效应	0.042	0.018	2.28	0.023	[0.006, 0.078]
直接效应	−0.120	0.053	−2.25	0.025	[−0.224, −0.015]

由表6-10可知,能源消费结构中介效应估计值为0.042,置信区间不包括0,说明"前进省区"视角下能源消费结构在数字经济赋能碳减排过程中的中介效应较为显著。相较于全部省域,"前进省区"视角下能源消费结构的中介作用存在一定程度的弱化,究其原因,可能是"前进省区"的能源消费结构优化程度相对较高。例如,北京等地绿色清洁能源的广泛推广与使用,降低了传统煤炭资源的使用量,从而使得能源消费结构在数字经济碳减排过程中的中介作用相对减弱。

6.4.2.3 产业结构的中介效应检验

下面采用逐步回归法检验"前进省区"产业结构的中介效应,检验结果见表6-11。

表6-11 "前进省区"IS中介效应逐步回归检验结果

	CT	IS	CT
DIGIT	−0.078 (−0.69)	0.293*** (4.77)	−0.165 (−1.53)
IS			0.299* (1.85)
控制变量	YES	YES	YES
Cons	5.954*** (3.81)	7.026*** (7.59)	3.856* (2.11)
N	272	272	272
R^2	0.941 6	0.804 9	0.944 2
Province	YES	YES	YES
Year	YES	YES	YES

注:***、**、*分别表示统计量在1%、5%和10%的显著性水平下通过检验,( )内为t值。

由表6-11可知,在"前进省区"视角下,加入产业结构因素后,数字经济发展水平对碳排放强度的负向作用仍不显著,但产业结构对于碳排放强度存在较为显著的正向作用,影响系数为0.299。此时逐步回归无法判断产业结构的中介效应是否存在,下面使用Bootstrap法进行中介效应检验,检验结果见表6-12。

表6-12 "前进省区" IS中介效应 Bootstrap 检验结果

	估计值	标准误	Z统计量值	P值	置信区间
间接效应	0.087	0.028	3.08	0.002	[0.032, 0.143]
直接效应	−0.165	0.060	−2.76	0.006	[−0.283, −0.048]

由表6-12可知，在"前进省区"视角下，产业结构中介效应估计值为0.087，置信区间不包括0，说明"前进省区"视角下产业结构在数字经济对碳减排强度作用过程中的中介效应显著，且为正向效应。相较于全部省域，"前进省区"视角下产业结构的中介作用存在一定程度的弱化，可能是由于"前进省区"的产业结构优化程度相对较高，高科技行业、新兴产业、现代服务业快速发展。例如，江苏省将大力培育绿色低碳产业，加快建设国家绿色产业示范基地；广东省将加快发展绿色低碳产业，实施绿色制造工程和重点行业绿色化改造，推进产业园区循环化发展，从而使得能源消费结构在数字经济碳减排过程中的中介作用相对减弱。

6.4.3 "后进省区"作用路径分析

6.4.3.1 绿色创新技术的中介效应检验

采用逐步回归法检验绿色创新技术在数字经济赋能碳减排中的中介效应，检验结果见表6-13。

表6-13 "后进省区" GTI 中介效应逐步回归检验结果

	CT	GTI	CT
DIGIT	−0.370*** (−5.24)	2.534*** (11.20)	−0.328*** (−3.33)
GTI			−0.017 (−0.73)
控制变量	YES	YES	YES
Cons	0.221 (0.11)	8.951 (0.78)	0.369 (0.17)
N	208	208	208
R^2	0.710 6	0.762 9	0.712 9
Province	YES	YES	YES
Year	YES	YES	YES

注：***、**、*分别表示统计量在1%、5%和10%的显著性水平下通过检验，（ ）内为t值。

逐步回归结果显示，在"后进省区"视角下，数字经济发展对碳排放强度存在非常显著的负向影响，影响系数为–0.370，数字经济抑制碳排放的直接效应明显高于"前进省区"，这也说明"后进省区"在碳减排过程中数字经济发展的重要程度，同时也提示"后进省区"可从数字经济方面着手，促进低碳发展。"后进省区"视角下，数字经济对绿色创新技术的影响系数为2.534，显著为正，比"前进省区"视角下数字经济对绿色技术的正向影响效果更加明显。在加入绿色创新技术因素后，数字经济发展水平对碳排放强度的负向作用仍然显著，但绿色创新技术对碳排放强度的负向作用并不显著，说明此时逐步回归无法判断绿色创新技术的中介效应是否存在，下面使用Bootstrap法进行中介效应检验，检验结果见表6–14。

表6–14 "后进省区"GTI中介效应Bootstrap检验结果

	估计值	标准误	Z统计量值	P值	置信区间
间接效应	–0.042	0.037	–1.12	0.263	［–0.115，0.032］
直接效应	–0.382	0.062	–5.28	0.000	［–0.450，–0.206］

Bootstrap检验结果显示，绿色创新技术中介效应估计值为–0.042，置信区间包括0，说明"后进省区"视角下绿色创新技术在数字经济赋能碳减排过程中的中介效应不显著，这一结果和预期有所差别。在现实中，"后进省区"产业数字化转型基础薄弱，同时存在主观认知和行动力匮乏的问题。从客观角度来看，"后进省区"中小企业所占比例较高，企业机械化自动化水平较低，数字化转型难度较大，收益较低，企业产生了一些畏难心理；同时，我国大中小企业融资难等问题也亟待解决。从主观上来看，政府和企业负责人对数字化转型缺乏正确认识，在寻求适合自己转型模式和路径中行动缺乏动力，或者只是简单地照搬先进地区的经验，这就造成了转型升级落后、转型成效不佳。虽然绿色创新技术的进步非常有利于碳减排的实现，但由于绿色创新技术的实现需要强大的资金作为支撑，要高技术人才与优质创新资源相匹配，以便捷资金、人力资本、技术等要素的流动为技术创新带来有利信息。综合而言，多方面原因导致"后进省区"视角下绿色创新技术在数字经济赋能碳减排路径中的中介效应不显著。

6.4.3.2 能源消费结构的中介效应检验

由表6–15可知，在"后进省区"视角下，引入能源消费结构因素后，数字经济发展水平对能源消费结构的负向作用仍然显著，影响系数为–0.358，但能源消费结构对碳排放强度的影响效果并不显著，且数字经济对能源消费结构的影响效果也不显著。此时逐步回归无法判断中介效应存在与否，因而采用Bootstrap检验"后进省区"视角下能源消费结构在数字经济赋能碳减排过程中是否存在中介效应，检验结果见表6–16。

表6–15 "后进省区"EC中介效应逐步回归检验结果

	CT	EC	CT
DIGIT	−0.370*** (−5.24)	−0.080 (−0.85)	−0.358*** (−4.52)
EC			0.158 (1.23)
控制变量	YES	YES	YES
Cons	0.221 (0.11)	−1.241 (−0.43)	0.417 (0.22)
N	208	208	208
R^2	0.710 6	0.148 6	0.715 9
Province	YES	YES	YES
Year	YES	YES	YES

注：***、**、*分别表示统计量在1%、5%和10%的显著性水平下通过检验，（ ）内为t值。

由表6–16可知，能源消费结构中介效应估计值为−0.013，置信区间包括0，说明在"后进省区"视角下，能源消费结构的中介效应并不显著。这可能是因为其能源消费结构受多种因素影响，如各省份工业化程度、城镇化程度和环境因素等。这也说明政府要根据当地的实际情况，将数字经济的节能效果充分地发挥出来，并在此基础上，结合各个城市和地区的资源禀赋和数字经济的发展状况，制定出一套有针对性的数字经济发展计划，充分发挥数字经济提高能源效率、降低能源密度和能源消费规模的优势，加强能源效率对降低碳排放的赋能效果。

表6–16 "后进省区"EC中介效应Bootstrap检验结果

	估计值	标准误	Z统计量值	P值	置信区间
间接效应	−0.013	0.011	−1.10	0.273	[−0.035, 0.010]
直接效应	−0.358	0.046	−7.85	0.000	[−0.447, −0.268]

6.4.3.3 产业结构的中介效应检验

由表6-17可知，在"后进省区"视角下，加入产业结构因素后，数字经济发展水平对碳排放强度的负向作用仍然显著，且产业结构对碳排放强度有显著的正向作用，说明产业结构在数字经济赋能碳减排路径中存在完全中介效应。

表6-17 "后进省区"IS中介效应逐步回归检验结果

	CT	IS	CT
DIGIT	−0.370***	−0.185**	−0.285***
	(−5.24)	(−2.50)	(−4.42)
IS			0.459***
			(3.39)
控制变量	YES	YES	YES
Cons	0.221	−2.098	1.184
	(0.11)	(−0.94)	(0.54)
N	208	208	208
R^2	0.710 6	0.722 7	0.752 0
Province	YES	YES	YES
Year	YES	YES	YES

注：***、**、*分别表示统计量在1%、5%和10%的显著性水平下通过检验，（ ）内为t值。

为进一步明确"后进省区"视角下产业结构中介效应的强度，选用Bootstrap方法进行分析，检验结果见表6-18。

表6-18 "后进省区"IS中介效应Bootstrap检验结果

	估计值	标准误	Z统计量值	P值	置信区间
间接效应	−0.085	0.022	−3.88	0.000	[−0.128, −0.042]
直接效应	−0.285	0.044	−6.51	0.000	[−0.371, −0.199]

由表6-18可知，中介效应的估计值为−0.085，且置信区间不包括0，说明产业结构的中介效应显著。与表6-17中第三列数字经济对碳排放的回归系数符号相同，说明"后进省区"产业结构在数字经济赋能碳减排过程中存在部分中介效应，效应强度为：$\dfrac{-0.085}{-0.285}=0.298\,2$。"后进省区"产业结构中介效应估计值为负，其原因可能是"后进省区"视角下产业结构数字化程度不高，且使用高新技术和先进适用技术改造传统产业的效果不佳，数字技术对传统制造业、基础设施建设以及交通运输的渗透和改造较慢，削弱了数字经济赋能碳减排过程中的作用效果。

6.5 本章小结

  本章通过构建中介效应模型，从多个角度深入探讨了数字经济对碳减排的影响机制，揭示了绿色技术创新效应、能源消费结构效应、产业结构效应在数字经济减碳效应中的作用强度，为理解数字经济如何通过不同途径影响碳减排提供了新的理论视角和实证依据。

  研究发现，不同地区在数字经济减碳效应的实现路径上存在差异。在"全域范围"和"前进省区"内，绿色创新技术、能源结构调整和产业结构优化在数字经济赋能碳减排过程中均存在显著的中介效应，这表明"前进省区"数字经济的发展通过促进绿色技术创新、优化能源结构以及推动产业结构升级，有效地助力了碳减排目标的实现。而"后进省区"内，仅有产业结构在数字经济赋能碳减排过程中存在显著的中介效应，绿色创新技术和能源结构的中介效应不具有统计显著性，这反映出"后进省区"数字经济主要通过产业结构调整来促进碳减排，而绿色技术创新与能源结构调整对碳减排的影响相对有限。"后进省区"应更加注重产业结构的优化调整，以充分发挥数字经济在碳减排中的潜力。这一发现对于理解数字经济在不同地区的碳减排路径具有重要启示意义，也为有针对性地制定区域碳减排策略提供了理论依据。

7 "双碳"目标下"后进省区"碳减排目标重构与减排提升路径分析

本书构建SBM对偶模型，并基于Stata软件求解SBM对偶模型，测算"后进省区"碳排放影子价格完成碳减排成本的测度。针对不同时间节点设置差异化的数量约束目标，科学调整"后进省区"的碳减排进度，并基于数字经济驱动碳减排效应的理论机理、空间效应和作用路径，为"后进省区"约束目标的实现提供路径优化。

7.1 "后进省区"碳排放影子价格测度

7.1.1 碳排放影子价格

为了更好地优化"后进省区"碳减排路径，在设置"后进省区"碳减排目标时，必须考虑各省二氧化碳减排的经济成本，二氧化碳边际减排成本能够量化减少单位二氧化碳排放所放弃的经济成本，是确定碳税税率和碳排放权定价的重要参考依据。碳排放影子价格能够反映二氧化碳的边际减排成本，体现二氧化碳减排对经济的边际效应。

省域碳排放影子价格是指在其他投入要素不变的情况下，减少一单位碳排放所导致的实际地区生产总值的减少量，即减少二氧化碳排放的机会成本是地区生产总值的减少[273]。换句话说，该影子价格不是单位碳排放的市场价格，而是根据碳排放在生产中的贡献对其做出的估价，是对碳排放严格经济价值的度量，反映我国省域碳排放的真实价值或内在价值。我国碳排放影子价格在数值上等于单位碳排放的边际生产力[273]。

7.1.2 影子价格模型构建

对偶模型原本是具有数学意义的模型，通常在线性规划中出现，后来随着社会发展，对偶模型不断具有经济管理层面上的意义。对偶问题是实质相同但从不同角度提出不同提法的一对问题。对偶现象是许多管理与工程中存在的一种普遍现象。对偶理论是从数量关系上研究这些对偶问题的性质、关系及其应用的理论和方法

[274]。每一个线性规划问题，都存在一个与之相联系的对偶问题。线性规划模型的对偶性，对线性规划模型理论、求解有着很重要的意义。线性规划对偶问题的最优解就是资源的影子价格[274]。

Tone（2002）[275]将松弛变量纳入DEA模型中，提出了SBM模型，该模型有效解决了投入与产出的松弛性问题，可以避免效率值被高估。

假设有n个决策单元（DMU），每个DMU有m种投入$X \in R^m$，s_1种期望产出（$y_g \in R^{s_1}$）以及s_2种非期望产出（$y_b \in R^{s_2}$）。定义$X = [x_1, x_2, \cdots, x_n] \in R^{m \times n}$，$Y^g = [y_1^g, y_2^g, \cdots, y_n^g] \in R^{s_1 \times n}$，$Y^b = [y_1^b, y_2^b, \cdots, y_n^b] \in R^{s_2 \times n}$具体建模如下：

$$\rho^* = \frac{1 - \dfrac{1}{m}\sum_{i=1}^{m}\dfrac{s_i^-}{x_{i0}}}{1 + \dfrac{1}{s_1 + s_2}\left[\sum_{r=1}^{s_1}\dfrac{s_r^g}{y_{r0}^g} + \sum_{r=1}^{s_2}\dfrac{s_r^b}{z_{r0}^b}\right]} \tag{7-1}$$

$$s.t. \begin{cases} x_0 = X\lambda + s^- \\ y_0^g = Y^g\lambda - s^g \\ z_0^b = Z^b\lambda + s^b \\ s^- \geq 0, \lambda \geq 0, s^g \geq 0, s^b \geq 0 \end{cases} \tag{7-2}$$

式（7-1）中，ρ^*表示效率值，取值介于0和1之间；m、s_1、s_2分别表示投入、期望产出和非期望产出的个数；s表示投入产出的松弛量，s^-、s^g、s^b分别表示投入冗余、期望产出不足和非期望产出过量；式（7-2）中，λ表示权重向量。当$\rho^* = 1$时，表示决策单元有效；当$\rho^* < 1$时，则表示决策单元效率缺失，需要调整投入产出结构。

根据线性规划原理，对SBM模型求解其对偶模型：

$$\text{Max } p$$
$$p = \mu^g y_0^g - v x_0 - \mu^b y_0^b$$
$$S.T.$$
$$p \leq 0$$
$$v \geq \frac{1}{m}[1/x_0]$$
$$\mu^g \geq \frac{1+p}{s_1 + s_2}[1/y_0^g]. \tag{7-3}$$
$$\mu^b \geq \frac{1+p}{s_1 + s_2}[1/y_0^b]$$

SBM对偶模型是一种利润最大化模型，在这种模型中，当SBM高效DMU为

$\rho^*=1$时，虚拟利润最大是零。变量v和μ^b可以分别解释为投入和非期望产出的影子价格，μ^g表示期望产出的边际虚拟收益。假设非期望产出的绝对影子价格等于其市场价格，则非期望产出相对于期望产出的相对影子价格可以用式（7-4）衡量：

$$\mu^b = \mu^g \times \frac{p^b}{p^g} \qquad (7-4)$$

换句话说，就是非期望产出的影子价格可以解释为期望产出和非期望产出之间的边际技术替代率的边际减排成本。

7.1.3　数据来源与变量选取

本书以2006—2021年为考察区间，以13个"后进省区"碳排放量为基本研究单元，以"后进省区"资本投入（亿元）、年末就业人数（万人）、能源消费量（万吨标煤）为要素作为投入指标，以"后进省区"地区生产总值（亿元）作为期望产出，以"后进省区"二氧化碳排放量作为非期望产出。相关数据来源于《中国统计年鉴》《中国能源统计年鉴》，"后进省区"统计年鉴与《国民经济和社会发展统计公报》等。

劳动力投入（Labor）：本书用各"后进省区"年末就业人数表征劳动力投入指标。该数据来自《中国劳动统计年鉴》，单位为万人。资本投入（Capital）：本书参考张军等（2004）[276]的做法，采用永盘存法计算得到的资本存量表征资本投入。计算公式为$K_{it} = K_{it-1}(1-\delta_{it})+I_{it}$，其中，$i$表示省域，$t$表示年份，$K$表示基年资本存量，$I$表示投资，$\delta$表示经济折旧率，本书以2006年为基期，经济折旧率取值为9.6%，投资采用固定资本形成总额衡量。该数据来源于《中国工业经济统计年鉴》，单位为亿元，能源投入（Energy）：能源投入用能源消耗量表示。该数据来源于《中国能源统计年鉴》，单位为万吨。地区生产总值（GDP）的测算方法与第3章测算方法一致。该数据来源于《中国统计年鉴》，单位为亿元。二氧化碳排放量（CO_2）的测算方法与第3章测算方法一致，单位为万吨。

7.1.4　"后进省区"影子价格测算

本书立足2006—2021年我国30个样本省份的面板数据，运用基于SBM对偶模型的影子价格模型测算我国"后进省区"碳排放影子价格，并求其平均值，测算结果见表7-1。

表7-1 2006—2021年"后进省区"碳排放影子价格价格描述性统计

省份	最大值	最小值	平均值	排名
河北	0.502 26	0.189 07	0.304 52	6
山西	0.447 39	0.058 61	0.122 17	12
内蒙古	0.920 75	0.021 06	0.169 02	11
辽宁	0.804 43	0.167 46	0.338 89	5
黑龙江	0.299 45	0.156 98	0.218 29	7
山东	0.494 86	0.195 89	0.407 28	2
广西	0.800 14	0.198 70	0.493 46	1
海南	0.696 08	0.190 54	0.374 64	3
陕西	0.283 45	0.046 49	0.173 83	10
甘肃	0.319 67	0.094 67	0.201 09	8
青海	0.952 92	0.124 54	0.360 94	4
宁夏	0.140 43	0.036 82	0.085 79	13
新疆	0.270 02	0.135 38	0.197 57	9

　　根据2006—2021年间我国13个"后进省区"碳排放影子价格平均值绘制了其变化柱状图，如图7-1显示。广西、山东、海南3省份碳排放影子价格在"后进省区"中排名比较靠前，其影子价格在（0.374 64～0.493 46）万元/吨之间。内蒙古、山西、宁夏3个省份碳排放影子价格均值较低，宁夏回族自治区影子价格最低，仅为0.086 79万元/吨。"后进省区"二氧化碳减排潜力较强，可实施一些政策手段加以引导。

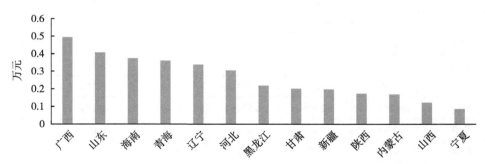

图7-1 "后进省区"碳排放影子价格

7.2 碳减排目标重构与路径分析

由7.1节分析可知，如果碳减排速度维持不变，则部分"后进省区"很难在2020年实现碳减排的绝对数量目标。因此，必须调整与优化"后进省区"的碳减排目标。本书结合各省份2005年和2021年碳排放强度数据，测算出过去16年里的年均降速，以及最近5年的平均降速。考虑"后进省区"平均减排速度发现，宁夏、山西、内蒙古等省份在2030年实现减排目标显然不可能，为此允许部分"后进省区"完成时间滞后会违背公平性这一原则，故针对2030年、2035年、2040年分别设置差异化的数量约束目标，若完成时间较迟，则提高总体要求。因此，在设置差异化目标的基础上，依据"后进省区"碳减排成本和减排预期完成的不同年度，对"后进省区"减排目标进行重新定位，并设定相对应的减排速度。因此，兼顾减排"后进省区"碳排放强度和影子价格，设置了差异性目标Ⅰ、Ⅱ、Ⅲ，即2030年、2035年和2040年碳排放强度较2005年分别降低60%（0.139万元/吨）、65%（0.121万元/吨）和70%（0.104万元/吨）。相关测算结果见表7-2。

表7-2 "后进省区"减排目标重构

地区	碳排放强度变化速度		影子价格（万元/吨）	所需速度		
	总体均速	最近5年		目标Ⅰ	目标Ⅱ	目标Ⅲ
河北	−4.18%	−3.31%	0.304 52	−5.23%	−4.83%	−4.58%
山西	−2.52%	0.08%	0.122 17	−7.57%	−6.80%	−6.28%
内蒙古	−1.50%	2.60%	0.169 02	−6.12%	−5.58%	−5.23%
辽宁	−3.13%	0.77%	0.338 89	−6.10%	−5.57%	−5.21%
黑龙江	−4.58%	−2.34%	0.218 29	−4.92%	−4.57%	−4.35%
山东	−2.71%	−3.51%	0.407 28	−4.03%	−3.82%	−3.71%
广西	−1.39%	−1.09%	0.493 46	−2.19%	−2.27%	−2.37%
海南	1.45%	−2.63%	0.374 64	−1.47%	−1.67%	−1.85%
陕西	−2.80%	−2.80%	0.173 83	−4.37%	−4.11%	−3.95%
甘肃	−4.99%	−1.75%	0.201 09	−6.02%	−5.50%	−5.16%
青海	−2.38%	−2.66%	0.360 94	−4.56%	−4.27%	−4.09%
宁夏	0.89%	59.90%	0.085 79	−7.49%	−6.74%	−6.22%
新疆	−0.22%	0.10%	0.197 57	−5.81%	−5.32%	−5.00%

注：目标Ⅰ，即2030年单位GDP碳排放量较2005年减少60%；目标Ⅱ，即2035年单位GDP碳排放量较2005年减少65%；目标Ⅲ，即2040年单位GDP碳排放量较2005年减少70%。

由表7-2可知，"后进省区"碳排放影子价格差异较大，宁夏碳排放影子价格最低，其碳排放减少1吨会导致GDP损失0.085 79万元；广西碳排放影子价格最高，为0.493 46万元/吨。影子价格较高时如果过于追求碳减排速度，则可能会使经济发展陷入困境，因此，在减排目标的设置上需要采取保守策略；影子价格较低时减排目标的设置可相对激进一些[274]。鉴于此，在兼顾"后进省区"2006—2021年及近5年碳排放强度下降均速、碳排放影子价格的基础上，结合各地区自身特点和实际进展，对减排目标进行重新设置，并设置差异化路径。

黑龙江、广西、海南等三个地区仍采取原有约束目标（即目标Ⅰ），即在2030年实现单位GDP所导致的碳排放量较2005年减少60%，此时，要求各地区碳减排降速要在原有总体均速的基础上有所提升；黑龙江虽然近5年平均降速低于目标Ⅰ，但是从平均降速来看，非常接近且即将达到目标Ⅰ；广西和海南两地碳减排速度分别为2.19%和1.47%时可实现预期目标，碳减排降速虽均高于总体降速，但却明显低于近5年的平均降速；综合来看，这3个后进省份在未来几年内应该有能力实现所应达到的碳减排目标。

山东、陕西、甘肃3个省份以目标Ⅱ为准，即在2035年实现单位GDP所产生的碳排放量较2005年减少65%，完成该目标所需降速分别为3.82%、4.11%、5.50%，这也要求其降速要在原有总体均速的基础上有所提升。甘肃省虽然最近五年平均降速低于目标Ⅱ，但是从平均降速来看，有一定的潜力达到目标Ⅱ。而山东、陕西两个省份目标Ⅲ与目标Ⅱ差距不大，均不超过0.2个百分点，故可以将2035年实现单位GDP所产生的碳排放量较2005年减少65%作为目标。

河北、山西、内蒙古、辽宁、青海、宁夏、新疆等7个"后进省区"以目标Ⅲ为准，即确保2040年碳排放强度较2005年减少70%，该7个省区碳减排降速分别为4.58%、6.28%、5.23%、5.21%、4.09%、6.22%、5.00%时，可实现目标Ⅲ。山西所需年均降速高于总体降速及最近五年的降速，但因其边际碳减排成本较低，其碳减排目标实施相对可控。河北虽未达到目标降速，但从总体均速来看，差距不大。青海碳排放影子价格相对高一些，但目标Ⅲ是2040年所需达到的目标，因此，在碳减排方式和措施上有相对充足的时间进行探究，采取恰当的减排方式可实现。虽然辽宁碳排放影子价格排在中上游水平，且近5年碳减排速度较慢，但从总体均速来看，到2040年也能取得一定成效。内蒙古、宁夏、新疆年均降速远高于总体均速和近5年均速，这3个"后进省区"边际碳减排成本相对较低，但距离最终目标差距较大，属于典型的碳减排"困难省区"；但到2040年，3个自治区采取相应的碳减排措施，也完全可以实现碳减排目标，因此未来3个自治区要不断改善并完善各项保障政策，制定切合本地特点的碳减排方式，3个自治区均可如期实现碳减排目标。

7.3　本章小结

广西、山东、海南3个省份碳排放影子价格均值较高，排名比较靠前，内蒙古、山西、宁夏3个省份碳排放影子价格均值较低，宁夏碳排放影子价格均值最低。黑龙江、广西、海南3地仍以原有约束目标（目标Ⅰ）为准，即在2030年实现单位GDP所导致的碳排放量较2005年减少65%；山东、陕西、甘肃3个省份以目标Ⅱ为准，即在2035年实现单位GDP所产生的碳排放量较2005年减少70%；河北、山西、内蒙古、辽宁、青海、宁夏、新疆等7个"后进省区"以目标Ⅲ为准，即确保2040年碳排放强度较2005年减少75%。

8 结论与建议

8.1 结论

本书以2006—2021年我国30个省份为样本（由于缺少数据，西藏、港澳台地区不在研究范围内），首先，科学测度碳排放和碳减排水平，识别减排的"后进省区"和"前进省区"，并多维度构建可实践的数字经济发展水平评价指标体系。其次，梳理探究数字经济对碳减排的驱动理论机理，并从静态和动态两个角度解析"双碳"目标下"各类省区"数字经济碳减排的空间效应、减排路径和作用强度。再次，构建中介效应模型，解析数字经济碳减排过程中，绿色创新技术水平、能源消费结构和产业结构的间接作用路径。最后，借助影子价格模型，结合数字经济碳减排效应的差异性和碳减排现状，科学重构"后进省区"碳减排目标，优化"双碳"目标下数字经济赋能碳减排目标实现的支持路径。综合全书研究结论，提出提升碳减排水平的相关政策建议。研究得出如下结论。

测度碳减排水平发现，北京、上海、河南、湖北、湖南、重庆和四川等7个省份碳减排的相对目标和绝对目标均已实现；江苏、浙江、江西和广东等4个省份的碳减排相对目标接近实现而绝对目标已经实现；福建省碳减排相对目标差距较大，绝对目标已经实现；云南省碳减排的相对目标已经实现而绝对目标接近实现；安徽省碳减排的相对目标和绝对目标均接近实现。剩余16个省份的碳减排绝对目标差距较大，其中，天津、吉林和贵州在2030年之前或2030年就可以实现碳减排目标。因此，将河北、山西、内蒙古、辽宁、黑龙江、山东、广西、陕西、甘肃、青海、新疆、宁夏、海南识别为碳减排"后进省区"，其余17个省份为碳减排"前进省区"。

采用面板熵权法测度数字经济发展水平并解析发展空间异质性可知，2006—2021年间我国数字经济发展水平从整体来看是逐年提高的。随着时间的推移，"后进省区"数字经济都得到了积极发展，内蒙古、黑龙江、陕西、新疆由低水平区转变为较低水平区，陕西和河北由较低水平区发展为中等水平区。随着时间的推移，"前进省区"各省份数字经济发展水平有着更显著的提高，北京、上海、山东、江苏和广东这5个省份达到了高水平区，四川和河南由中等水平发展为较高水平，除贵州、云南、天津和吉林以外，"前进省区"数字经济发展水平均达到了中等及以上。

解析数字经济碳减排效应的空间效应发现，碳排放强度表现为显著的空间相关性；在全省域视角下，发展数字经济均能降低本地区及相邻地区的碳排放强度。空间异质性分析显示，从长期来看，数字经济对"后进省区"碳排放强度的抑制作用略高于"前进省区"。从短期来看，"后进省区"数字经济的发展显著抑制本地区碳排放强度的提高，且抑制相邻地区碳排放强度的提高，但不具有统计显著性；数字经济对"前进省区"的碳排放强度影响显著为正向，且"前进省区"发展数字经济显著提高相邻省区碳排放强度。

解析数字经济碳减排作用路径可知，在全域范围内，绿色创新技术、能源结构和产业结构在数字经济赋能碳减排过程中均存在显著的中介效应；在"前进省区"内，绿色创新技术、能源结构和产业结构也均存在显著的中介效应；在"后进省区"内，产业结构在数字经济赋能碳减排过程中存在显著的中介效应，绿色创新技术和能源结构的中介效应不显著。

重构"后进省区"碳减排目标得出，广西、山东、海南3个省份碳排放影子价格排名比较靠前，内蒙古、山西、宁夏3个省份碳排放影子价格均值较低，宁夏碳排放影子价格最低。黑龙江、广西、海南等3地仍以原有约束目标（目标Ⅰ）为准，即在2030年实现单位GDP所导致的碳排放量较2005年减少65%；山东、陕西、甘肃3个省份以目标Ⅱ为准，即在2035年实现单位GDP所产生的碳排放量较2005年减少70%；河北、山西、内蒙古、辽宁、青海、宁夏、新疆等7个后进省份以目标Ⅲ为准，即确保2040年碳排放强度较2005年减少75%。

8.2　建议

基于本书研究内容和研究结论，从加强数字经济建设、调整和优化能源消费结构，优化和完善产业结构升级，构建区域间网络空间和协同发展战略，加强地区间交流和合作，加强数字化复合型人才队伍建设和融合，加强数字经济与企业低碳转型深度融合，保证要素市场自由流动、推动要素市场化配置，推动绿色技术创新发展方面提出提升碳减排水平的对策建议，助力"双碳"目标早日实现。

8.2.1　加强数字经济建设，助力"双碳"目标的实现

数字经济既是经济快速发展的驱动力，又是推动并加快企业低碳转型的新引擎

和新思路。作为经济发展的主要驱动力，数字经济可以实现经济高质量发展，不断挖掘和释放数字经济的内在潜力，充分发挥数字经济赋能碳减排的正向促进作用。要充分发挥数字经济发展对碳减排的赋能作用，利用数字技术对企业进行全覆盖、全链条和全功能的转型改造优化，发挥互联网技术在传统产业中的积极作用，助力传统企业向数字化发展转型。

我国政府应依据各省（自治区、直辖市）数字经济发展水平，推进省份间数字经济的协调、健康、稳定和有序发展，注重数字经济相关产业的差异化和协同化发展，抓好数字经济战略的顶层设计和整体规划；同时，还应该积极的引导和监管数字经济的发展方向，持续优化市场结构，避免无序融资、恶意竞争等效率低下的经济行为，提高数字经济的资源配置效率[43]。

8.2.1.1 加快优化数字经济基础设施建设，扩大数字经济赋能碳减排的引擎作用

根据数字经济碳减排的理论机制可知，数字基础设施是推动数字经济深入发展的重要基础和前提条件，也是数字经济环境改善效应发挥的根本，数字经济推动可持续发展目标的实现，必须依赖数字基础设施的协同联动。而且数字基础设施是发展数字经济的重要支撑，因此，政府应当不断改良数字经济的基础建设设施，优化数字经济发展环境，通过加快5G网络部署、推进千兆光纤网络升级、发展卫星通信网络等举措加强信息通信网络建设，为数字经济应用提供高速、低延迟的通信保障，提升数字经济的网络覆盖广度。通过建设数据中心集群、推进边缘计算发展、促进算力资源协同等举措强化算力基础设施布局，提高算力资源的供给能力，提升数字经济应用的响应速度和运行效率，提高算力资源的利用率，降低企业使用成本。通过扩大物联网设备连接规模、构建统一的物联网平台、推动物联网技术创新等方式完善物联网基础设施，为数字经济应用提供丰富的数据来源、推动物联网应用的规模化发展、为数字经济的物联化发展提供技术支撑。

8.2.1.2 加快数字产业化发展，推进产业数字化转型

一是加快数字产业化发展，数字产业化是数字经济的重要组成部分和核心驱动力，是数字经济发展的先导力量，为数字经济的其他领域提供技术、产品和服务支撑。目前，我国数字产业化发展面临关键核心数字技术薄弱等问题。因此，应完善数字经济的信息与数字技术基础，夯实数字产业化基础，促进数字技术向传统产业

渗透，巩固信息技术的碳减排红利优势；加强科研投入，精准攻关、重点突破。二是推进产业数字化转型，产业数字化是数字经济发展的重要内容和发展引擎，对数字经济的发展起关键作用，产业数字化作为长期战略，应坚持全局化发展，通过"思维引领+意识转变+政策支持"破解产业数字化的瓶颈[277]。建立产业大数据发展模式和大数据中心，有效促进大数据与产业的深度融合，通过数据流动实现传统产业的数字化改造升级。将企业生产、研发、销售等各个环节和业务流程链接起来，实现提质和增效的作用，不断提升资源利用效率，降低能源消耗。最终，通过数字产业化和产业数字化的方式，助力传统企业低碳化、数字化转型升级，全面提升生产资源利用效率，促进低碳产业、低碳供应链全面发展，实现资源集约利用和高效产出，进一步发挥数字经济发展对企业低碳转型的引擎作用。

8.2.1.3　正确认知数字经济在地区间的发展差异，实施差异化、针对性的减排策略

测度我国省域数字经济发展水平可知，数字经济发展存在区域差异性，另外，从数字经济碳减排的区域异质性可知，"后进省区"数字经济碳减排成效高于"前进省区"，这说明应该结合省域碳减排成效、地域背景、区位因素、政策导向、经济水平等因素，实施可靠、安全、灵活、动态、差异化的数字经济战略，注重数字技术的区域适配性，各省份应准确把握自身发展定位，结合本地区实际发展情况，因地制宜地施行差异化、动态化的数字经济发展战略和支持措施，选择适合本地区低碳转型路径，调整各个地区数字经济发展方式，破除行业地域限制和行业壁垒，协调各个地区数字经济发展的协同性和差异性，避免"一刀切"的政策干预。由于数字经济发展尚处于起步阶段存在诸多不确定因素，同时还存在着不平衡、不充分的情况，因此针对不同的地区，政府应实行不同的政策。虽然西部地区技术落后，但是其资源丰富，碳减排存在更大的空间，发展数字经济所释放的碳减排红利更加明显，因此，西部地区应依托数字经济赋能碳减排的空间溢出作用，开展数字经济技术发展和产业转移的良性互动，借助数字经济高水平发展区域的辐射效应助力本区域碳减排。另外，政府应大力扶持西部地区企业，依托新兴数字技术加速完善产业布局，助推数字化与绿色化之间的结合，支持企业积极参与到数字化产业建设中，提高技术创新能力，促进数字产业健康稳定发展，在推进地区数字化的进程中，加速去碳、负碳技术创新应用，有序减少高耗能行业比重，完善可再生能源的产业扶持，助力早日实现低碳转型。东部地区经济发展水平相对中西部较高，可以通过打

造数字技术产业园区，实现规模效应和范围经济，为数字经济发展提供完善的市场空间。

8.2.1.4 完善数据要素市场化配置机制

2022年6月22日，中央全面深化改革委员会第二十六次会议审议通过了《关于构建数据基础制度更好发挥数据要素作用的意见》等，会议指出，数据作为新型生产要素，是数字化、网络化、智能化的基础，已快速融入生产、分配、流通、消费和社会服务管理等各个环节，深刻改变着生产方式、生活方式和社会治理方式。要建立数据产权制度，推进公共数据、企业数据、个人数据分类分级确权授权使用，建立数据资源持有权、数据加工使用权、数据产品经营权等分置的产权运行机制，健全数据要素权益保护制度[278]。要建立合规高效的数据要素流通和交易制度，完善数据全流程合规和监管规则体系，建设规范的数据交易市场。要完善数据要素市场化配置机制，更好发挥政府在数据要素收益分配中的引导调节作用，建立体现效率、促进公平的数据要素收益分配制度[278]。提高数字经济发展水平能够缓解要素错配进而提升企业低碳转型效率，数据要素和信息在市场的流通需要遵循一定的交易规则，在保护个人隐私和保证数据安全的前提下使数据要素在市场上得到充分流动应用，规范政策监管。拓展规范化数据开放利用场景，探索以数据为核心的产品和服务创新，促进商业数据流通、跨区域数据互联、政企数据融合应用。

8.2.2 调整和优化能源消费结构

根据数字经济赋能碳减排的理论机制及作用路径分析可知，在数字经济赋能碳减排的过程中，全样本视角下能源消费结构具有显著的中介效应；又由于化石能源消费量大是我国工业领域需要解决的首要问题之一，降低化石能源消费特别是煤炭资源的消费是降低碳排放的最直接途径，因此，为实现碳减排目标，实现能源消费结构在数字经济赋能碳减排过程中的中介效应，应当调整我国能源消费结构，加快能源结构转型升级。淘汰技术落后和产能落后的高耗能传统企业，继续加大开发、利用清洁能源和可再生能源比例，推动使用水电、风电等清洁能源，减少煤炭、石油等化石能源的消费，激励使用碳捕集与保存等负碳技术减碳，同时可以出台相关政策抑制高碳行业的过度发展，通过环境规制等政策对高耗能行业实行管控，加速能源结构调整，为我国"双碳"目标贡献力量。

8.2.3 不断优化和完善产业结构升级

理论机制与实证研究得出产业结构是数字经济降低碳排放强度的有效途径，我国经济发展长期以第二产业为主，且碳排放强度居高不下，推动产业结构调整刻不容缓。数字经济的发展要与传统生产要素资源融合，并向产业内部渗透推动产业结构升级。新兴信息技术的出现，为传统行业数字化转型提供了新方案。要加快发展工业互联网，助力数字技术与传统产业深度融合，推动产业结构向合理化和高级化升级。根据理论机制和路径分析可知，产业结构升级兼具我国数字经济发展和碳减排的促进作用，提高行业自主创新能力，增强自主创新是产业结构升级的关键环节，推进信息化和行业高度融合，做到产业协调发展，走经济效应好、资源消耗少、环境污染少的低碳发展道路。

8.2.4 构建区域间网络空间和协同发展战略，加强地区间交流和合作

在数字经济赋能碳减排的过程中，区域之间发展不协调问题比较突出。正由于数字经济所产生的新业态具有技术外溢特征，并且数字要素外溢成本相较于其他生产要素比较低，说明加强区域间的网络空间和交流合作，有效提升数字经济的辐射带动作用，对促进碳减排至关重要[279]。因此，应构建区域间协同发展战略来加强各地区之间的交流合作，数字经济发展水平较高的地区主动帮扶发展水平较低的地区，交流碳减排经验，加强区域协同发展，多边合作，缩小我国各地区之间的低碳发展差距，进而在推动地区数字经济协调发展的基础上提高低碳转型效率。

8.2.5 加强数字化复合型人才队伍建设和融合，助力碳减排目标

当前国内既懂数字技术又懂数字经济的复合型专业人才队伍匮乏，因此，应持续加强数字经济人才队伍建设，各高校和科研院所可通过开设数字经济本科或硕士专业，提升数字化人才的培养成效。同时推动高耗能行业人才与信息技术人才的深度融合，将我国的人口优势转换为人力资本优势，培育复合型专业化技术人才，助力碳减排。对于人才缺乏的"后进省区"应实施人才弹性引进机制、制定人才激励制度，提高本地区高级管理人员和高科技人员的引进率。

8.2.6 加强数字经济与企业低碳转型深度融合，推动企业低碳发展

数字经济与企业的融合发展有利于数字经济推动企业低碳转型，然而，数字技术还未广泛应用在传统行业中，持续推动传统行业与数字技术深度融合，可以有效提高我国企业核心竞争力。因此，利用数字经济的开源性、高扩散性与低成本性提高知识、信息与技术等要素在企业生产全产业链中的流动性，降低研发成本、提高研发效率，提升企业生产效率，完善绿色低碳产业链体系，推动企业绿色低碳发展。

8.2.7 保证要素市场自由流动，推动要素市场化配置

除完善数据要素市场化配置机制外，对于劳动力、资本、资源等其他要素，也要保证他们在市场上的自由流动性，推进要素市场化配置。采用市场调节和政府引导相结合的方式，协调并优化区域间的要素配置，对于生产要素占比较高的区域应发挥数字经济调整资源配置的功效，最大限度优化资源配置，提高资源配置效率，"前进省区"可以将过剩资源转移到"后进省区"资源匮乏的区域，实现资源的有效利用，缩小区域间发展差距，共同实现碳减排目标。

8.2.8 推动绿色技术创新发展

理论机制和实证研究发现，提高数字经济发展可以提高绿色技术创新水平，进而促进碳减排。而且绿色技术创新正成为全球新一轮工业革命和科技竞争的重要新兴领域，伴随我国绿色低碳循环发展经济体系的建立健全，绿色技术创新日益成为绿色发展的重要动力，成为打好污染防治攻坚战、推进生态文明建设、推动高质量发展的重要支撑，因此各省域应注重绿色技术创新的发展。

一是培育壮大绿色技术创新主体。①强化企业的绿色技术创新主体地位。研究制定绿色技术创新企业认定标准规范，开展绿色技术创新企业认定，积极支持"十百千"企业承担国家和地方部署的重点绿色技术创新项目，研究制定支持经认定的绿色技术创新企业的政策措施。加大对企业绿色技术创新的支持力度，企业必须参与财政资金支持的非基础性绿色技术研发项目、市场导向明确的绿色技术创新项目。②激发高校、科研院所绿色技术创新活力。健全科研人员评价激励机制，增加绿色技术创新科技成果转化数量、质量、经济效益在绩效考核评优、科研考核加

分和职称评定晋级中的比重；加强绿色技术创新人才培养，在高校设立一批绿色技术创新人才培养基地，加强绿色技术相关学科专业建设，持续深化绿色领域新工科建设，主动布局绿色技术人才培养；选好用好绿色技术创新领军人物、拔尖人才，选择部分职业教育机构开展绿色技术专业教育试点，引导技术技能劳动者在绿色技术领域就业、服务绿色技术创新。③推进"产学研金介"深度融合、协同创新。支持龙头企业整合高校、科研院所、产业园区等资源建立具有独立法人地位、市场化运行的绿色技术创新联合体；鼓励和规范绿色技术创新人才流动，高校、科研院所科技人员按国家有关政策到绿色技术创新企业任职兼职、离岗创业、转化科技成果期间，保留人员编制；发挥龙头企业、骨干企业带动作用，企业牵头，联合高校、科研院所、中介机构、金融资本等共同参与，依法依规建立一批分领域、分类别的专业绿色技术创新联盟。

二是完善绿色技术创新成果转化机制，推动绿色技术创新成果转化。由于我国绿色技术创新成果转化率普遍不高，因此应积极发挥国家科技成果转化引导基金的作用，建立健全国家绿色技术交易市场，落实绿色技术交易制度，制定绿色技术交易相关法律法规，开展绿色技术创新成果应用项目，建立绿色技术创新综合示范区。

参考文献

[1] 国务院.关于促进大数据发展的行动纲要[R].北京：国务院，2015.

[2] THE WHITE HOUSE. Big Data Research and Development Initiative[R]. Washington，D.C.：The White House，2012.

[3] 刘兰翠.我国二氧化碳减排问题的政策建模与实证研究[D].北京：中国科学技术大学，2006.

[4] 高启慧，秦圆圆，梁媚聪，等.IPCC第六次评估报告综合报告解读及对我国的建议[J].环境保护，2023，51（Z2）：82-84.

[5] 中国信息通信研究院.中国数字经济发展报告（2024)[R].北京：中国信息通信研究院，2024.

[6] 魏丽莉，侯宇琦.数字经济对中国城市绿色发展的影响作用研究[J].数量经济技术经济研究，2022，39（8）：60-79.

[7] 易子榆，魏龙，王磊.数字产业技术发展对碳排放强度的影响效应研究[J].国际经贸探索，2022，38（4）：22-37.

[8] 赵向豪，刘亚茹.新质生产力视域下数字经济对资源型产业绿色转型的影响研究[J].大连理工大学学报（社会科学版），2024，45（6）：22-31.

[9] 刘琦瑶.碳交易下考虑绿色技术溢出的供应链碳减排博弈策略研究[D].南京：南京信息工程大学，2024.

[10] UNITED STATES GOVERNMENT. The Long-Term Strategy of the United States：Pathways to Net-Zero Greenhouse Gas Emissions by 2050[R]. Washington，D.C.：The White House，2021.

[11] 日本経済産業省.2050年カーボンニュートラルに伴うグリーン成長戦略[R].東京：日本経済産業省，2020.

[12] 陈诗一.能源消耗、二氧化碳排放与中国工业的可持续发展[J].经济研究，2009，44（4）：41-55.

[13] 新华社.节约能源管理暂行条例[J].节能，1986（2）：3-7.

[14] 二十国集团.二十国集团数字经济发展与合作倡议[R].杭州：二十国集团峰会，2016.

[15] 李长江.关于数字经济内涵的初步探讨[J].电子政务，2017（9）：84-92.

[16] 裴长洪，倪江飞，李越.数字经济的政治经济学分析[J].财贸经济，2018，39（9）：5-22.

[17] 刘军，杨渊鋆，张三峰.中国数字经济测度与驱动因素研究[J].上海经济研究，2020（6）：81-96.

[18] 许宪春，张美慧.中国数字经济规模测算研究：基于国际比较的视角[J].中国工业经济，2020（5）：23-41.

[19] 陈晓红，李杨扬，宋丽洁，等.数字经济理论体系与研究展望[J].管理世界，2022，38（2）：208-224，13-16.

[20] 白津夫.关于数字经济的几个基本问题[J].北京社会科学，2023（4）：84-93.

[21] 胡明.中俄数字经济合作：现状、挑战与推进战略[J].东北亚论坛，2025，34（1）：65-83，128.

[22] 康铁祥.中国数字经济规模测算研究[J].当代财经，2008（3）：118-121.

[23] 向书坚，吴文君.中国数字经济卫星账户框架设计研究[J].统计研究，2019，36（10）：3-16.

[24] 杨仲山，张美慧.数字经济卫星账户：国际经验及中国编制方案的设计[J].统计研究，2019，36（5）：16-30.

[25] 吴利学，方萱.中国数字经济的投入产出与产业关联分析[J].技术经济，2022，41（12）：91-98.

[26] 王硕，李云发，贾小爱.基于2018年中国投入产出表的数字经济就业效应研究[J].统计与决策，2023，39（7）：17-21.

[27] 张恪渝，武晓婷.基于投入产出表的中国数字经济卫星账户构建[J].统计与决策，2023，39（5）：5-9.

[28] 杨传明，姚楠.长三角城市群数字经济发展水平测度及时空分异研究[J].统计与决策，2024，40（14）：117-121.

[29] 黄浩，姚人方.数字经济规模的核算：结合国民账户与增长核算的框架[J].经济学动态，2024（1）：74-92.

[30] 刘莉，陆森.数字经济、金融发展与经济韧性[J].财贸研究，2023，34（7）：67-83.

[31] 黄敦平，倪加鑫.数字经济、资源错配与长江经济带高质量发展[J].重庆大学学报（社会科学版），2023，29（6）：52-68.

[32] 芦婧.数字经济发展对城乡居民消费差距的异质性影响研究[J].商业经济研究，2023（6）：39-42.

[33] 宋成镇，刘庆芳，宋金平，等.数字经济对黄河流域城市转型效率的影响分析[J/OL].地理学报，[2025-03-01].http://kns.cnki.net/kcms/detail/11.1856.P.20241230.1554.004.html.

[34] 王军，朱杰，罗茜.中国数字经济发展水平及演变测度[J].数量经济技术经济研究，2021，38（7）：26-42.

[35] 裴潇，袁帅，罗森.长江经济带绿色发展与数字经济时空耦合及障碍因子研究[J].长江流域资源与环境，2023，32（10）：2045-2059.

[36] 张耿依一.我国城市数字经济与低碳发展的耦合协调分析[J/OL].经营与管理，1-13[2024-03-20].https://doi.org/10.16517/j.cnki.cn12-1034/f.20230620.003.

[37] 邹静，王强，鄢慧丽，等.数字经济如何影响绿色全要素生产率？：来自中国地级市的证据[J].软科学，2024，38（3）：44-52.

[38] 孙小强，王燕妮，王玉梅.中国数字经济发展水平：指标体系、区域差距、时空演化[J].大连理工大学学报（社会科学版），2023，44（6）：33-42.

[39] 张永恒，王家庭.数字经济发展是否降低了中国要素错配水平？[J].统计与信息论坛，2020，35（9）：62-71.

[40] 曾爱华，刘冰滨，李子琴.数字经济与实体经济耦合协调研究[J].统计与决策，2024，40（16）：106-111.

[41] 韩松花，赵艺璇.数字经济对中国能源"双控"目标的影响[J].中国人口·资源与环境，2024，34（9）：67-75.

[42] 张晓鹤，王子凤，张桂文.数字经济助力中国式现代化：理论逻辑与经验证据[J].统计与决策，2024，40（20）：5-10.

[43] 蔡昌，林高怡，李劲微.中国数字经济产出效率：区位差异及变化趋势[J].财会月刊，2020（6）：153-160.

[44] 李研.中国数字经济产出效率的地区差异及动态演变[J].数量经济技术经济研究，2021，38（2）：60-77.

[45] 李敏杰，陈毅辉，吴桐雨."双碳"背景下数字经济与绿色物流耦合协调发展的时空特征及组态路径[J/OL].环境科学，[2024-10-20]. https://doi.org/10.13227/j.hjkx.202405286.

[46] 刘淑春.中国数字经济高质量发展的靶向路径与政策供给[J].经济学家，2019（6）：52-61.

[47] 赵涛，张智，梁上坤.数字经济、创业活跃度与高质量发展：来自中国城市的经

验证据[J].管理世界，2020，36（10）：65-76.

[48] 葛和平，吴福象.数字经济赋能经济高质量发展：理论机制与经验证据[J].南京社会科学，2021（1）：24-33.

[49] 任保平，何厚聪.数字经济赋能高质量发展：理论逻辑、路径选择与政策取向[J].财经科学，2022（4）：61-75.

[50] 洪银兴，任保平.数字经济与实体经济深度融合的内涵和途径[J].中国工业经济，2023（2）：5-16.

[51] 王军，刘小凤，朱杰.数字经济能否推动区域经济高质量发展？[J].中国软科学，2023（1）：206-214.

[52] 万海远.实现全体人民共同富裕的现代化[J].中国党政干部论坛，2020（12）：36-40.

[53] 夏杰长，刘诚.数字经济赋能共同富裕：作用路径与政策设计[J].经济与管理研究，2021，42（9）：3-13.

[54] 蒋永穆，亢勇杰.数字经济促进共同富裕：内在机理、风险研判与实践要求[J].经济纵横，2022（5）：21-30，135.

[55] 向云，陆倩，李芷萱.数字经济发展赋能共同富裕：影响效应与作用机制[J].证券市场导报，2022（5）：2-13.

[56] 朱太辉，林思涵，张晓晨.数字经济时代平台企业如何促进共同富裕[J].金融经济学研究，2022，37（1）：181-192.

[57] 王军，罗茜.数字经济影响共同富裕的内在机制与空间溢出效应[J].统计与信息论坛，2023，38（1）：16-27.

[58] 柳毅，赵轩，毛峰.数字经济驱动共同富裕的发展动力与空间溢出效应研究：基于长三角面板数据和空间杜宾模型[J].中国软科学，2023（4）：98-108.

[59] 侯冠宇，熊金武.数字经济对共同富裕的影响与提升路径研究：基于我国30个省份的计量与QCA分析[J].云南民族大学学报（哲学社会科学版），2023，40（3）：89-99.

[60] 董志勇，李大铭，李成明.数字乡村建设赋能乡村振兴：关键问题与优化路径[J].行政管理改革，2022（6）：39-46.

[61] 秦秋霞，郭红东，曾亿武.乡村振兴中的数字赋能及实现途径[J].江苏大学学报（社会科学版），2021，23（5）：22-33.

[62] 赵德起，丁义文.数字化推动乡村振兴的机制、路径与对策[J].湖南科技大学学报（社会科学版），2021，24（6）：112-120.

[63] 陆岷峰, 徐阳洋. 低碳经济背景下数字技术助力乡村振兴战略的研究[J]. 西南金融, 2021 (7): 3-13.

[64] 何雷华, 王凤, 王长明. 数字经济如何驱动中国乡村振兴?[J]. 经济问题探索, 2022 (4): 1-18.

[65] 孟维福, 张高明, 赵凤扬. 数字经济赋能乡村振兴: 影响机制和空间效应[J]. 财经问题研究, 2023 (3): 32-44.

[66] 陈雪梅, 周斌. 数字经济推进乡村振兴的内在机理与实现路径[J]. 理论探讨, 2023 (5): 85-90.

[67] 李媛, 阮连杰. 数字经济背景下中国式农业农村现代化的拓展路径与政策取向[J]. 西安财经大学学报, 2023, 36 (2): 21-29.

[68] 冯伯豪, 王晓红. 数字农业助推乡村振兴的影响机制及政策建议[J]. 西安财经大学学报, 2024, 37 (1): 119-129.

[69] 唐文进, 李爽, 陶云清. 数字普惠金融发展与产业结构升级: 来自283个城市的经验证据[J]. 广东财经大学学报, 2019, 34 (6): 35-49.

[70] 沈运红, 黄桁. 数字经济水平对制造业产业结构优化升级的影响研究: 基于浙江省2008—2017年面板数据[J]. 科技管理研究, 2020, 40 (3): 147-154.

[71] 李治国, 车帅, 王杰. 数字经济发展与产业结构转型升级: 基于中国275个城市的异质性检验[J]. 广东财经大学学报, 2021, 36 (5): 27-40.

[72] 刘洋, 陈晓东. 中国数字经济发展对产业结构升级的影响[J]. 经济与管理研究, 2021, 42 (8): 15-29.

[73] 陈晓东, 杨晓霞. 数字经济发展对产业结构升级的影响: 基于灰关联熵与耗散结构理论的研究[J]. 改革, 2021 (3): 26-39.

[74] 王莹. 数据要素发展赋能产业结构转型升级: 理论机制与实证检验[J]. 商业研究, 2024 (4): 13-22.

[75] 陈丽莉, 张若琪, 戎珂. 数据要素赋能企业创新: 基于内外部资源视角[J]. 管理评论, 2024, 36 (12): 15-25.

[76] 赵宸宇, 王文春, 李雪松. 数字化转型如何影响企业全要素生产率[J]. 财贸经济, 2021, 42 (7): 114-129.

[77] 胡山, 余泳泽. 数字经济与企业创新: 突破性创新还是渐进性创新?[J]. 财经问题研究, 2022 (1): 42-51.

[78] 刘文玲, 万美杉, 郑馨竺. 数字化转型对制造业企业绿色发展绩效的影响研究[J].

工业技术经济，2023，42（12）：22-33.

[79] 詹新宇，郑嘉梁.数字经济的就业效应：创造还是替代？：来自微观企业的模型与实证[J].北京工商大学学报（社会科学版），2024，39（4）：30-44.

[80] 王文.数字经济时代下工业智能化促进了高质量就业吗[J].经济学家，2020（4）：89-98.

[81] 戚聿东，刘翠花，丁述磊.数字经济发展、就业结构优化与就业质量提升[J].经济学动态，2020（11）：17-35.

[82] 叶胥，杜云晗，何文军.数字经济发展的就业结构效应[J].财贸研究，2021，32（4）：1-13.

[83] 胡拥军，关乐宁.数字经济的就业创造效应与就业替代效应探究[J].改革，2022（4）：42-54.

[84] 周慧珺.数字经济的发展提高了就业稳定性吗?[J].当代经济管理，2024，46（2）：76-86.

[85] 苏培，贺大兴.数字经济发展对就业的影响：基于279个地级市面板数据的分析[J].上海经济研究，2024（10）：53-74.

[86] 孙建卫，赵荣钦，黄贤金，等.1995—2005年中国碳排放核算及其因素分解研究[J].自然资源学报，2010，25（8）：1284-1295.

[87] 程叶青，王哲野，张守志，等.中国能源消费碳排放强度及其影响因素的空间计量[J].地理学报，2013，68（10）：1418-1431.

[88] 鞠颖，陈易.建筑运营阶段的碳排放计算：基于碳排放因子的排放系数法研究[J].四川建筑科学研究，2015，41（3）：175-179.

[89] 胡姗，张洋，燕达，等.中国建筑领域能耗与碳排放的界定与核算[J].建筑科学，2020，36（S2）：288-297.

[90] 李俊奇，张希，李惠民.北京某片区海绵城市建设和运行中的碳排放核算研究[J].水资源保护，2023，39（4）：86-93.

[91] 王志强，蒲春玲.中国城镇化碳排放核算体系构建与实证[J].统计与决策，2022，38（7）：57-61.

[92] 袁广达，蒋松泽，冯克玉.净碳排放量测算与碳治理成本核算：以长三角地区为例[J].财会月刊，2023，44（21）：53-61.

[93] 李静，王坤，陈奕伶，等.京津冀地区能源消费碳排放量变化及影响因素分析[J/OL].天津师范大学学报（自然科学版），[2024-11-21].http://kns.cnki.net/kcms/

detail/12.1337.n.20241022.1025.002.html.

[94] 彭水军，张文城，孙传旺.中国生产侧和消费侧碳排放量测算及影响因素研究[J].经济研究，2015，50（1）：168-182.

[95] 赵先超，滕洁，谭书佳.基于投入产出法的湖南省旅游业碳排放测算及GRA关联度分析[J].世界地理研究，2018，27（3）：164-174.

[96] 王宪恩，赵思涵，刘晓宇，等.碳中和目标导向的省域消费端碳排放减排模式研究：基于多区域投入产出模型[J].生态经济，2021，37（5）：43-50.

[97] 李堃，姜明栋，王奇.基于碳排放与经济关联的完全碳排放强度重新测度[J].北京大学学报（自然科学版），2022，58（2）：308-316.

[98] 张天骄，许铃川，温璐歌.基于多区域投入产出模型的长江经济带隐含碳排放研究[J].企业经济，2022，41（11）：142-151.

[99] 杨本晓，姜涛，刘夏青.基于投入产出法的中国造纸工业碳排放核算[J].中国造纸，2023，42（6）：120-125.

[100] 阳立高，周佩文，谢锐，等.数字经济视角下中国对外贸易隐含碳排放的测算及驱动因素研究[J].经济学动态，2024（10）：92-108.

[101] 付舒斐，吕添贵，朱丽萌，等.农业绿色发展对耕地利用碳排放强度的影响机制和空间效应[J].中国农业大学学报，2025，30（4）：286-299.

[102] 周思宇，郗凤明，尹岩，等.东北地区耕地利用碳排放核算及驱动因素[J].应用生态学报，2021，32（11）：3865-3871.

[103] 崔冠楠，白鑫宇，王鹏飞，等.基于粮食生命周期碳核算的粮食安全影响研究进展[J].北京师范大学学报（自然科学版），2022，58（2）：232-240.

[104] 赵苏苏，朱建国，王泽，等.基于LCA的建筑碳排放计算及减排策略研究：以某住宅工程为例[J].建筑经济，2023，44（S1）：371-378.

[105] 李嘉欣，朱永楠，彭少明，等.社会水循环碳排放综合测算模型：以黄河流域为例[J].清华大学学报（自然科学版），2024，64（4）：626-637.

[106] 邓荣荣，张翱祥.中国城市数字金融发展对碳排放绩效的影响及机理[J].资源科学，2021，43（11）：2316-2330.

[107] 张卓群，张涛，冯冬发.中国碳排放强度的区域差异、动态演进及收敛性研究[J].数量经济技术经济研究，2022，39（4）：67-87.

[108] 徐丽笑，王亚菲.我国城市碳排放核算：国际统计标准测度与方法构建[J].统计研究，2022，39（7）：12-30.

[109] 丛建辉，刘学敏，赵雪如.城市碳排放核算的边界界定及其测度方法[J].中国人口·资源与环境，2014，24（4）：19-26.

[110] 王锋，吴丽华，杨超.中国经济发展中碳排放增长的驱动因素研究[J].经济研究，2010，45（2）：123-136.

[111] 张友国.经济发展方式变化对中国碳排放强度的影响[J].经济研究，2010，45（4）：120-133.

[112] 严成樑，李涛，兰伟.金融发展、创新与二氧化碳排放[J].金融研究，2016（1）：14-30.

[113] 席艳玲，牛桂敏.碳排放与经济增长关系的实证研究：基于国际面板数据的经验证据[J].现代管理科学，2021（8）：13-25.

[114] 邵帅，范美婷，杨莉莉.经济结构调整、绿色技术进步与中国低碳转型发展：基于总体技术前沿和空间溢出效应视角的经验考察[J].管理世界，2022，38（2）：46-69，4-10.

[115] 赵培华.河南省农业碳排放与经济增长的脱钩分析[J].江苏农业科学，2023，51（22）：245-249.

[116] 吕洁华，孙喆，王明晖，等.绿色技术创新、碳排放效率与区域经济增长：基于PVAR模型的互动影响关系研究[J/OL].生态经济，[2024-11-15].http://kns.cnki.net/kcms/detail/53.1193.F.20240912.1457.002.html.

[117] 徐国泉，刘则渊，姜照华.中国碳排放的因素分解模型及实证分析：1995—2004[J].中国人口·资源与环境，2006（6）：158-161.

[118] 肖德，张媛.可再生能源消费对二氧化碳排放影响的统计检验[J].统计与决策，2019，35（10）：87-90.

[119] 陈军华，李乔楚.成渝双城经济圈建设背景下四川省能源消费碳排放影响因素研究：基于LMDI模型视角[J].生态经济，2021，37（12）：30-36.

[120] 宋敏，邹素娟.黄河流域碳排放效率的区域差异、收敛性及影响因素[J].人民黄河，2022，44（8）：6-12，56.

[121] 江元，徐林.数字经济、能源效率和碳排放：基于省级面板数据的实证[J].统计与决策，2023，39（21）：58-63.

[122] 蒋语聪，李艳颖，王顺平，等.基于减排水平指数的中国区域碳排放影响因素分析[J/OL].环境科学，[2024-12-18].https://doi.org/10.13227/j.hjkx.202408126.

[123] 张华，魏晓平.绿色悖论抑或倒逼减排：环境规制对碳排放影响的双重效应[J].中

国人口·资源与环境，2014，24（9）：21-29.

[124] 刘传明，孙喆，张瑾.中国碳排放权交易试点的碳减排政策效应研究[J].中国人口·资源与环境，2019，29（11）：49-58.

[125] 胡珺，黄楠，沈洪涛.市场激励型环境规制可以推动企业技术创新吗？：基于中国碳排放权交易机制的自然实验[J].金融研究，2020（1）：171-189.

[126] 李少林，王齐齐."大气十条"政策的节能降碳效果评估与创新中介效应[J].环境科学，2023，44（4）：1985-1997.

[127] 王彪华，王帆，刘国梁.政策落实跟踪审计能够降低区域碳排放吗：基于"三大攻坚战"政策跟踪的研究[J].会计研究，2023（12）：146-158.

[128] 齐志宏.税收助力能耗双控转向碳排放双控的思考[J].税务研究，2023（12）：50-56.

[129] 张振华，陈曦，汪京，等.绿色金融改革创新试验区政策对碳排放的影响效应：基于282个城市面板数据的准实验研究[J].中国人口·资源与环境，2024，34（2）：32-45.

[130] 王锋，吴丽华，杨超.中国经济发展中碳排放增长的驱动因素研究[J].经济研究，2010，45（2）：123-136.

[131] 张腾飞，杨俊，盛鹏飞.城镇化对中国碳排放的影响及作用渠道[J].中国人口·资源与环境，2016，26（2）：47-57.

[132] 李健，周慧.中国碳排放强度与产业结构的关联分析[J].中国人口·资源与环境，2012，22（1）：7-14.

[133] 郝美彦.绿色新质生产力驱动畜牧企业低碳转型的实证分析[J].饲料研究，2024，47（24）：192-196.

[134] 周雪琼.新质生产力、颠覆性技术创新与碳排放绩效[J].技术经济与管理研究，2024（11）：1-6.

[135] 孙娜，曲卫华."双碳"目标下ESG表现赋能企业新质生产力[J].统计与信息论坛，2024，39（10）：24-41.

[136] 李娟，刘爱峰.数字新质生产力对碳排放效率的影响[J].统计与决策，2024，40（24）：23-28.

[137] 林伯强，滕瑜强.新质生产力与"双碳"目标的关联和挑战：基于能源低碳转型的视角[J].四川大学学报（哲学社会科学版），2024（5）：35-46，208-209.

[138] 王洪艳.新质生产力对碳排放效率的影响：基于产业结构高度化和合理化的双

重视角[J].统计与决策,2024,40(17):24-29.

[139]]何可,朱润.新质生产力推动农业绿色低碳发展:现实基础与提升路径[J/OL].中国农业大学学报(社会科学版),[2024-12-27].https://doi.org/10.13240/j.cnki.caujsse.20241105.003.

[140] 廖乐焕,董燕燕,王珏.新质生产力、产业结构升级与低碳经济发展[J].统计与决策,2024,40(21):29-34.

[141] 董志良,姜书强,赵燕娜.新质生产力对京津冀区域碳排放的影响机制[J/OL].环境科学,1-18[2025-01-06].https://doi.org/10.13227/j.hjkx.202409347.

[142] 国家互联网信息办公室."十四五"国家信息化规划发布[EB/OL].(2021-12-27)[2024-12-25].https://www.cac.gov.cn/2021-12/27/c_1642205314518676.htm.

[143] 韩晶,陈曦,冯晓虎.数字经济赋能绿色发展的现实挑战与路径选择[J].改革,2022(9):11-23.

[144] 魏丽莉,侯宇琦.数字经济对中国城市绿色发展的影响作用研究[J].数量经济技术经济研究,2022,39(8):60-79.

[145] 周磊,龚志民.数字经济水平对城市绿色高质量发展的提升效应[J].经济地理,2022,42(11):133-141.

[146] 郭辰,李佳馨,周婷婷.数字经济对绿色发展的空间溢出效应研究:基于技术创新与产业优化视角[J].技术经济与管理研究,2023(6):25-30.

[147] 夏杰长,刘睿仪.数字经济、绿色发展与旅游业资源配置:基于我国省域面板数据的实证分析[J].广西社会科学,2023(4):129-138.

[148] 刘爽爽,马晓强,杨世攀.数字化转型与制造业绿色发展:基于绿色创新与要素集聚机制作用[J].经济问题探索,2024(12):160-175.

[149] 李义华,邓梦杰.数字经济赋能冷链物流绿色化发展机理与路径研究[J].财经理论与实践,2024,45(6):131-138.

[150] 张涛,李均超.网络基础设施、包容性绿色增长与地区差距:基于双重机器学习的因果推断[J].数量经济技术经济研究,2023,40(4):113-135.

[151] 朱金鹤,庞婉玉.数字经济发展是否有助于提升城市包容性绿色增长水平:来自"国家智慧城市"试点的证据[J].贵州财经大学学报,2023(4):12-22.

[152] 李治国,李兆哲,孔维嘉.数字基础设施建设赋能包容性绿色增长:内在机制与经验证据[J].浙江社会科学,2023(8):15-24,156.

[153] 马玉林,马运鹏.数字经济对城市包容性绿色增长的影响研究[J/OL].科研

管理，[2025-02-17].http://kns.cnki.net/kcms/detail/11.1567.G3.20250107. 0909. 002.html.

[154] 王珏，秦文晋.数字经济对包容性绿色增长差距的影响研究：基于关系数据分析范式[J].经济问题探索，2024（12）：35-49.

[155] 白雄，韩锦绵，张文瑞.数字经济发展赋能绿色经济增长：后发优势与隧道效应[J].统计与决策，2024，40（1）：23-28.

[156] 王旭，张晓宁，牛月微."数据驱动"与"能力诅咒"：绿色创新战略升级导向下企业数字化转型的战略悖论[J].研究与发展管理，2022，34（4）：51-65.

[157] 华淑名，李京泽.数字经济条件下环境规制工具能否实现企业绿色技术创新的"提质增量"[J].科技进步与对策，2023，40（8）：141-150.

[158] 张泽南，钱欣钰，曹新伟.企业数字化转型的绿色创新效应研究：实质性创新还是策略性创新?[J].产业经济研究，2023（1）：86-100.

[159] 孙全胜.数字经济赋能企业绿色技术创新的三重路径研究[J].中州学刊，2023（11）：26-32.

[160] 白婷婷，慕勇.数字经济对减污降碳协同发展的影响研究：基于绿色技术创新的中介作用分析[J/OL].科研管理，[2025-03-11].http://kns.cnki.net/kcms/detail/11.1567.g3.20250102.1423.006.html.

[161] 李志军，曾湘萍，贺升东，等.数字经济、研发要素流动与企业绿色创新[J].云南财经大学学报，2024，40（12）：96-110.

[162] 周晓辉，刘莹莹，彭留英.数字经济发展与绿色全要素生产率提高[J].上海经济研究，2021（12）：51-63.

[163] 赵宸宇，王文春，李雪松.数字化转型如何影响企业全要素生产率[J].财贸经济，2021，42（7）：114-129.

[164] 范欣，尹秋舒.数字金融提升了绿色全要素生产率吗?[J].山西大学学报（哲学社会科学版），2021，44（4）：109-119.

[165] 程文先，钱学锋.数字经济与中国工业绿色全要素生产率增长[J].经济问题探索，2021（8）：124-140.

[166] 乌静，肖鸿波，陈兵.数字经济对绿色全要素生产率的影响研究[J].金融与经济，2022（1）：55-63.

[167] 赵爽，米国芳，张晶珏.数字经济、环境规制与绿色全要素生产率[J].统计学报，2022，3（6）：46-59.

[168] 朱喜安，马樱格.数字经济对绿色全要素生产率变动的影响研究 [J].经济问题，2022（11）：1-11.

[169] 黄和平，周桂明，李国民.产业数字化对绿色全要素生产率的影响机制研究：兼议环境规制的门槛效应 [J].中国环境科学，2025，45（3）：1713-1730.

[170] 杜娟，张子承，王熠.基于数字经济要素组合的绿色全要素生产率提升 [J].系统工程，2025，43（1）：35-49.

[171] 王姗姗，翟永会，刘满成.数字贸易对地区绿色全要素生产率的影响与异质性分析 [J].商业经济研究，2024（20）：114-117.

[172] 朱洁西，李俊江.数字经济、技术创新与城市绿色经济效率：基于空间计量模型和中介效应的实证分析 [J].经济问题探索，2023（2）：65-80.

[173] 贺星星，阮俊杰.金融科技和数字经济驱动城市绿色经济效率提升研究：基于"赋能"和"协同"视角 [J].生态经济，2024，40（12）：80-89，107.

[174] 倪琳，许芷鸥，梁雨.数字金融对绿色经济效率的影响：基于"两山"理论的研究 [J].江苏大学学报（社会科学版），2024，26（5）：56-71，114.

[175] 曹梦渊，李豫新.数字经济与黄河流域绿色经济效率：机制分析与实证检验 [J].统计与决策，2024，40（6）：27-32.

[176] 谢云飞.数字经济对区域碳排放强度的影响效应及作用机制 [J].当代经济管理，2022，44（2）：68-78.

[177] 王维国，王永玲，范丹.数字经济促进碳减排的效应及机制 [J].中国环境科学，2023，43（8）：4437-4448.

[178] 杨刚强，王海森，范恒山，等.数字经济的碳减排效应：理论分析与经验证据 [J].中国工业经济，2023（5）：80-98.

[179] 姜汝川，景辛辛.京津冀地区数字经济发展对碳排放的影响效应：来自2011—2019年13个地级及以上城市的经验证据 [J].北京社会科学，2023（4）：40-50.

[180] 谢文倩，高康，余家凤.数字经济、产业结构升级与碳排放 [J].统计与决策，2022，38（17）：114-118.

[181] 张传兵，居来提·色依提.数字经济、碳排放强度与绿色经济转型 [J].统计与决策，2023，39（10）：90-94.

[182] 霍晓谦，张爱国.数字经济对碳排放强度的影响机制及空间效应 [J].环境科学与技术，2022，45（12）：182-193.

[183] 向宇，郑静，涂训华.数字经济发展的碳减排效应研究：兼论城镇化的门槛效

应[J].城市发展研究, 2023, 30 (1): 82-91.

[184] 邓若冰, 吴福象.数字经济对城市碳排放的影响研究: 效应与机制[J].南京社会科学, 2024 (5): 37-48.

[185] 范合君, 潘宁宁, 吴婷.数字经济发展的碳减排效应研究: 基于223个地级市的实证检验[J].北京工商大学学报 (社会科学版), 2023, 38 (3): 25-38.

[186] 陈春, 肖博文.数字经济对碳减排的影响研究[J].价格理论与实践, 2023 (6): 162-165.

[187] 刘定平, 施雨.中国"双碳"目标背景下数字经济赋能区域绿色发展的碳减排效应研究[J].区域经济评论, 2024 (3): 151-160.

[188] 孔令英, 董依婷, 赵贤.数字经济发展对碳排放的影响: 基于中介效应与门槛效应的检验[J].城市发展研究, 2022, 29 (9): 42-49, 55.

[189] 田虹, 秦喜亮.绿色技术创新对城市碳减排影响的区域差异和收敛性: 来自地级市层面的经验证据[J].财经理论与实践, 2024, 45 (1): 97-103.

[190] 徐维祥, 周建平, 刘程军.数字经济发展对城市碳排放影响的空间效应[J].地理研究, 2022, 41 (1): 111-129.

[191] 杨玲.产业数字化转型减少碳减排有几何?: 基于30国面板数据的经验研究[J].大连理工大学学报 (社会科学版), 2024, 45 (5): 16-26.

[192]] 缪陆军, 陈静, 范天正, 等.数字经济发展对碳排放的影响: 基于278个地级市的面板数据分析[J].南方金融, 2022 (2): 45-57.

[193] 杨昕, 赵守国.数字经济赋能区域绿色发展的低碳减排效应[J].经济与管理研究, 2022, 43 (12): 85-100.

[194] 杨俊, 钟文.数字赋能与物流业碳减排: 内在机制与经验证据[J].统计与决策, 2023, 39 (20): 174-178.

[195] 李玶, 胡佳霖, 王熙.全球视域下数字经济发展的碳减排效应及其作用机制[J].中国人口·资源与环境, 2024, 34 (8): 3-12.

[196] 张争妍, 李豫新.数字经济对我国碳排放的影响研究[J].财经理论与实践, 2022, 43 (5): 146-154.

[197] LI X, LIU J, NI P. The impact of the digital economy on CO_2 emissions: A theoretical and empirical analysis[J].Sustainability, 2021, 13 (13): 1-15.

[198] 李朋林, 候梦莹.数字经济发展对碳排放的影响[J].财会月刊, 2023, 44 (10): 153-160.

[199] 左晓慧，钱鹏程.数字经济发展赋能碳减排的影响研究[J].税务与经济，2024（5）：54-63.

[200] 余渭恒.数字经济对区域碳减排绩效的空间溢出效应及异质性分析[J].工业技术经济，2024，43（6）：82-91.

[201] PADMAJA B, NARAYAN S, PURNA C P. ICT, foreign direct investment and environmental pollution in major Asia Pacific countries [J]. Environmental Science and Pollution Research, 2021, 28（31）: 1-21.

[202] HASEEB A, XIA E J, SAUD S, et al. Does information and communication technologies improve environmental quality in the era of globalization? An empirical analysis [J]. Environmental science and pollution research international, 2019, 26（9）: 8594-8608.

[203] LI Z X, LI N Y, WEN H W. Digital economy and environmental quality: evidence from 217cities in China [J]. Sustainability, 2021, 13（14）: 8058-8070.

[204] 丁玉龙，秦尊文.信息通信技术对绿色经济效率的影响：基于面板 Tobit 模型的实证研究[J].学习与实践，2021，446（4）：32-44.

[205] YANG L Y, ZHENG J, HAN L, et al. Has Information infrastructure reduced carbon emissions?: evidence from panel data analysis of Chinese cities [J]. Buildings, 2022, 12（5）: 619-630.

[206] 赵星.新型数字基础设施的技术创新效应研究 [J].统计研究，2022，39（4）：80-92.

[207] 尹龙，陈强，郭子彤.数字基础设施赋能区域碳减排的实证研究：兼论门槛效应与空间溢出效应[J].金融与经济，2024，（1）：55-65，87.

[208] 汪亚美，余兴厚.数字基础设施对城市碳排放的时空动态效应：基于"宽带中国"准自然实验的证据[J].重庆大学学报（社会科学版），2025，31（1）：100-116.

[209] 解春艳，丰景春，张可.互联网技术进步对区域环境质量的影响及空间效应[J].科技进步与对策，2017，34（12）：35-42.

[210] 许宪春，任雪，常子豪.大数据与绿色发展[J].中国工业经济，2019（4）：5-22.

[211] AVOM D, NKENGFACK H, FOTIO H K, et al. ICT and environmental quality in Sub-Saharan Africa: effects and transmission channels [J]. Technological Forecasting & Social Change, 2020, 155（C）: 120028- 120040.

[212] 简冠群，鲁皖.数字化赋能工业碳减排效应：基于全生命周期视角下探索性案例研究[J].财会通讯，2024（20）：89-96.

[213] 薛飞，刘家旗，付雅梅.人工智能技术对碳排放的影响[J].科技进步与对策，2022，39（24）：1-9.

[214] 孙振清，杨锐.人工智能技术创新对区域碳排放的影响：机制识别与回弹效应[J].科技管理研究，2024，44（5）：168-177.

[215] 许潇丹，惠宁.人工智能对工业绿色低碳发展的影响研究[J].陕西师范大学学报（哲学社会科学版），2024，53（6）：74-86.

[216] 朱欢，张彩云，赵秋运.互联网发展对碳生产率的影响：基于工业化阶段演进的视角[J].北京理工大学学报（社会科学版），2023，25（5）：15-27.

[217] 沈玉洁，裴小涵，赵敏娟.互联网使用对农业碳排放效率的影响：来自豫湘黑三省粮食种植户的实证检验[J].资源科学，2024，46（7）：1314-1329.

[218] 孙光林，汪琳琳，艾永芳.大数据发展对我国县域碳排放的影响机理研究[J].西安理工大学学报，2023，39（3）：301-309，298.

[219] 张自然，何竟.数字经济发展对城市碳排放的影响：基于国家大数据综合试验区的准实验[J].经济问题探索，2024（6）：153-174.

[220] 吕康妮.中国数字经济发展对碳排放效率的影响研究[D].北京：中国地质大学，2023.

[221] 樊星.中国碳排放测算分析与减排路径选择研究[D].沈阳：辽宁大学，2013.

[222] 杨翔，李小平，周大川.中国制造业碳生产率的差异与收敛性研究[J].数量经济技术经济研究，2015，32（12）：3-20.

[223] 彭顺.数字经济发展协同推进增长降碳的动态效应研究[D].重庆：重庆工商大学，2023.

[224] 付允，马永欢，刘怡君，等.低碳经济的发展模式研究[J].中国人口·资源与环境，2008（3）：14-19.

[225] 徐南，陆成林.低碳经济的丰富内涵与主要特征[J].经济研究参考，2010（60）：32-33.

[226] 虞晓红.经济增长理论演进与经济增长模型浅析[J].生产力研究，2005（2）：12-14，33.

[227] 李欣，杨朝远，曹建华.网络舆论有助于缓解雾霾污染吗？兼论雾霾污染的空间溢出效应[J].经济学动态，2017（6）：45-57.

[228] 石大千, 丁海, 卫平, 等. 智慧城市建设能否降低环境污染[J]. 中国工业经济, 2018(6): 117-135.

[229] ZHANG C, JI W. Digital twin-driven carbon emission prediction and low-carbon control of intelligent manufacturing jobshop[J]. Procedia CIRP, 2019, 83: 624-629.

[230] IVUS O, BOLAND M. The employment and wage impact of broadband deployment in Canada[J]. Canadian Journal of Economics, 2015, 48(5): 1803-1830.

[231] 左鹏飞, 姜奇平, 陈静. 互联网发展、城镇化与我国产业结构转型升级[J]. 数量经济技术经济研究, 2020, 37(7): 71-91.

[232] 王文举, 向其凤. 中国产业结构调整及其节能减排潜力评估[J]. 中国工业经济, 2014(1): 44-56.

[233] ZHOU D, ZHANG X, WANG X. Research on coupling degree and coupling path between China's carbon emission efficiency and industrial structure upgrading[J]. Environmental Science and Pollution Research, 2020, 27(20): 25149-25162.

[234] AL-GHANDOOR A. Decomposition analysis of electricity use in the Jordanian industrial sector[J]. International Journal of Sustainable Energy, 2010, 29(4): 233-244.

[235] KOHLI R, MELVILLE N P. Digital innovation: a review and synthesis[J]. Information Systems Journal, 2019, 29(1): 200-223.

[236] 韩璐, 陈松, 梁玲玲. 数字经济、创新环境与城市创新能力[J]. 科研管理, 2021, 42(4): 35-45.

[237] 荆文君, 孙宝文. 数字经济促进经济高质量发展: 一个理论分析框架[J]. 经济学家, 2019(2): 66-73.

[238] THOMPSON P, WILLIAMS R, THOMAS B. Are UK SMEs with active web sites more likely to achieve both innovation and growth?[J]. Journal of Small Business and Enterprise Development, 2013, 20(4): 934-965.

[239] 田云, 陈池波. 中国碳减排成效评估、后进地区识别与路径优化[J]. 经济管理, 2019, 41(6): 22-37.

[240] 刘华军, 刘传明, 孙亚男. 中国能源消费的空间关联网络结构特征及其效应研究[J]. 中国工业经济, 2015(5): 83-95.

[241] 崔蓉, 翟凌宇, 孙亚男. 中国数字经济空间关联网络结构及其影响因素[J]. 经

济与管理评论，2023，39（6）：95-108.

[242] 王江，赵川.中国省际数字普惠金融的空间关联特征及影响研究[J].金融发展研究，2021（4）：8-15.

[243] 吉雪强，张壮，李卓群，等.中国新质生产力空间关联网络结构时空演化特征及驱动因素[J].资源科学，2025，47（2）：373-388.

[244] 郑辉，谷瑞娜.京津冀城市群碳排放网络特征及减排协同评价[J/OL].环境科学，[2025-03-02].https://doi.org/10.13227/j.hjkx.202408062.

[245] 雷婷，王奕淇，王超.中国省际旅游交通碳排放空间关联网络及影响因素[J].环境科学，2025，46（1）：53-65.

[246] 张德钢，陆远权.中国碳排放的空间关联及其解释：基于社会网络分析法[J].软科学，2017，31（4）：15-18.

[247] WASSERMAN, STANLEY, FAUST, et al. Social network analysis：methods and applications（structural analysis in the social sciences）[M]. Cambridge：Cambridge University Press, 1994.

[248] 安勇，赵丽霞.土地财政竞争的空间网络结构及其机理[J].中国土地科学，2020，34（7）：97-105.

[249] 冯颖，侯孟阳，姚顺波.中国粮食生产空间关联网络的结构特征及其形成机制[J].地理学报，2020，75（11）：2380-2395.

[250] WHITE H C, BOORMAN SA, BREIGER R L. Social structure from multiple networks. I. Blockmodels of roles and positions[J]. American journal of sociology, 1976, 81（4）：730-780.

[251] 侯孟阳，姚顺波.1978—2016年中国农业生态效率时空演变及趋势预测[J].地理学报，2018，73（11）：2168-2183.

[252] LE GALLO J. Space-time analysis of GDP disparities among European regions：a Markov chains approach[J]. International Regional Science Review, 2004, 27（2）：138-163.

[253] REY S J. Spatial analysis of regional income inequality[J].Urban/regional, 2001：280-299.

[254] 陈培阳，朱喜钢.中国区域经济趋同：基于县级尺度的空间马尔可夫链分析[J].地理科学，2013，33（11）：1302-1308.

[255] 侯孟阳，姚顺波.中国城市生态效率测定及其时空动态演变[J].中国人口·资

源与环境，2018，28（3）：13-21.

[256] 朱迪，叶林祥.中国农业绿色韧性：水平测度与时空演变[J].统计与决策，2024，40（13）：118-123.

[257] 覃成林，唐永.河南区域经济增长俱乐部趋同研究[J].地理研究，2007（3）：548-556.

[258] 佟孟华，褚翠翠，李洋.中国经济高质量发展的分布动态、地区差异与收敛性研究[J].数量经济技术经济研究，2022，39（6）：3-22.

[259] 王少剑，黄永源.中国城市碳排放强度的空间溢出效应及驱动因素[J].地理学报，2019，74（6）：1131-1148.

[260] 韩兆安，赵景峰，吴海珍.中国省际数字经济规模测算、非均衡性与地区差异研究[J].数量经济技术经济研究，2021，38（8）：164-181.

[261] 庞磊，阳晓伟.数字经济、创新螺旋与产业链关键环节控制能力研究[J].科技进步与对策，2024，41（9）：1-12.

[262] 杨慧梅，江璐.数字经济、空间效应与全要素生产率[J].统计研究，2021，38（4）：3-15.

[263] DAGUM，C. A new approach to the decomposition of the Gini income inequality ratio[J]. Empirical Economics，1997，22：515-531.

[264] 吕洁华，王明晖，孙喆，等.数字经济对碳效率的多维空间效应及区域异质性分析[J].环境科学研究，2025，38（3）：539-547.

[265] 周明茜，郭付友，尹鹏，等.黄河流域数字经济的时空分异特征与影响因素分析[J].湖南师范大学自然科学学报，2025，48（1）：112-120.

[266] ANSELIN L. Local indicators of spatial association-LISA[J].Geographical Analysis，1995，27（2）：93-115.

[267] 胡本田，肖雪莹.数字普惠金融对区域碳排放强度的影响研究[J].大连海事大学学报（社会科学版），2022，21（5）：57-66.

[268] 侯宇琦.数字经济对区域绿色发展的影响效应研究[D].兰州：兰州大学，2021.

[269] 樊轶侠，徐昊.中国数字经济发展能带来经济绿色化吗？：来自我国省际面板数据的经验证据[J].经济问题探索，2021（9）：15-29.

[270] TANG CH，YUANYUAN X，HAO Y，et al.What is the role of telecommunications infrastructure construction in green technology innovation?A firm-level analysis for China[J].Energy Economics，2021（103）：1-18.

[271] 李宗显，杨千帆.数字经济如何影响中国经济高质量发展？[J].现代经济探讨，2021（7）：10-19.

[272] 田红，袁毅阳.数字经济对产业结构优化升级的影响研究：基于中国省级面板数据的实证检验[J].浙江金融，2022（10）：53-64.

[273] 周葵，杜清燕.我国碳排放影子价格的研究：基于超越对数生产函数模型[J].中国人口·资源与环境，2013（23）：421-429.

[274] 王雪轩.面向电商平台的电子废旧品定价及产品结构优化研究[D].大连：大连理工大学，2022.

[275] TONE K. A slacks-based measure of super-efficiency in data envelopment analysis [J]. European Journal of Operational Research, 2002, 143（1）：32-41.

[276] 张军，吴桂英，张吉鹏.中国省际物质资本存量估算：1952—2000[J].经济研究，2004（10）：35-44.

[277] 杨晓霞，陈晓东.数字经济能够促进产业链创新吗？：基于OECD投入产出表的经验证据[J].改革，2022（11）：54-69.

[278] 习近平.习近平主持召开中央全面深化改革委员会第二十六次会议[J].中国建设信息化，2022（13）：2-3.

[279] 吕淼鑫.数字经济与碳回弹：动态效应与影响机制[D].呼和浩特：内蒙古财经大学，2024.